孝經文獻叢刊 第一輯

曾振宇 江曦 主編

古文孝經指解

【宋】司馬光 等撰 張恩標 徐瑞 李静雯 整理

（外二十三種）

上

上海古籍出版社

山東大學儒家文明省部共建協同創新中心研究成果
曾子研究院研究成果
山東省「泰山學者」建設工程研究成果
山東大學曾子研究所研究成果
國家古籍整理出版專項經費資助項目

序

孝是儒家核心觀念之一。在甲骨卜辭中,「孝」字已被用作人名與地名。此外,甲骨卜辭中還出現了「考」與「老」字,「考」「老」「孝」三字相通,金文也是如此。朱芳圃《甲骨學文字編》注云:「古老、考、孝本通,金文同。」

根據《史記》與《漢書》記載,《孝經》一書與孔子和曾子倆人有直接的關係。曾子是孔子孝道的直接傳承者,《漢書·藝文志》説:「《孝經》者,孔子爲曾子陳孝道也。」根據錢穆先生考證,曾子生卒年爲公元前五〇五年——前四三六年(此據錢穆《先秦諸子繫年》)。曾子父子同爲孔子弟子,但曾子入孔門的時間比較晚。曾子比孔子小四十六歲,在孔門弟子中年齡偏小。在孔子得意門生顏回去世之後,曾子成爲在道統上繼承與傳播孔子學説的主要代表人物。孔子對曾子也寄予了殷切希望,在先秦典籍中可以發現許許多多師徒之間的對話。譬如,《大戴禮記·主言》篇記録的全是孔子與曾子問答之語。在「孔子閒居,曾子侍」之時,曾子問:「敢問何謂主言?」「敢問不費不勞可以爲明乎?」「敢問何謂七教?」「敢問何謂三至?」此外,在《禮記》《孝經》中也可見到大量的師徒之間的問答。曾子在多年的學生生涯中,逐漸也摸索出了如何有針對性地向老師提問的訣竅:「君子學必由其業,問必以其序。問而不決,承間觀色而復之,雖不説亦不强争也。」(《大戴禮記·曾子立事》)孔子去世之後,曾子開始設帳講學、著書立説,廣泛傳播孔子學説。在儒學發展史上,正因爲曾子肩負傳道者的重任,在先秦典籍中存在大量孔子、曾子言詞非常近似的材料:

一、孔子説:「父在觀其志,父没觀其行。三年無改於父之道,可謂孝矣。」(《論語·學而》)

曾子説:「吾聞諸夫子:孟莊子之孝也,其他可能也,其不改父之臣與父之政,是難能也。」(《論語·子張》)

二、孔子説:「後生可畏,焉知來者之不如今也?四十、五十而無聞焉,斯亦不足畏也已。」(《論語·子罕》)

曾子説:「三十、四十之間而無藝,即無藝矣;五十而不以善聞矣;七十而無德,雖有微過,亦可以勉矣。」(《大戴禮記·曾子立事》)

三、孔子說：「生，事之以禮；死，葬之以禮，祭之以禮。」（《論語・爲政》）

曾子說：「生，事之以禮；死，葬之以禮，祭之以禮：可謂孝矣。」（《孟子・滕文公上》）

語言文字上的相似與雷同，恰恰間接證明曾子在儒家文化轉變流傳過程中的重要地位。恰如二程所論：「孔子没，傳孔子之道者，曾子而已。曾子傳之子思，子思傳之孟子，孟子死，不得其傳，至孟子而聖人之道益尊。」從漢代開始，《孝經》已成爲童蒙讀本，影響日深。東漢文學家崔寔《四民月令》嘗言：冬季之時，家家户户幼童在家裏誦讀《孝經》《論語》等啓蒙教材。

在中國古代文化史上，《孝經》最早稱「經」。但《孝經》之「經」，有别於「六經」意義上的「經」。《白虎通》云：「經，常也。」因此，《孝經》之「經」，指的是孝觀念蘊含的「大道」「大法」。「夫孝，德之本也，教之所由生也。」（《孝經・開宗明義章》）在孔孟思想體系中，仁是全德，位階高於其他德目。但是，在《孝經》思想體系中，孝已經取代仁，上升爲道德的本源。孝是「至德要道」（《孝經・開宗明義章》），鄭玄注點明：所謂「至德要道」就是「孝悌」。不僅如此，《孝經》一書最大的亮點在於：作者力圖從形上學的高度，將孝論證爲本體。「夫孝，天之經也，地之義也，民之行也。天地之經，而民是則之。」（《孝經·三才章》）「經」與「義」含義相同，都是指天地自然恒常不變的法則、規律。《大戴禮記·曾子大孝》也有類似表述：「夫孝者，天下之大經也。」孝是天經地義，將「孝」論證爲宇宙本體，這是人類的人文表達，其實質是以德行、德性指代本體，猶如周濂溪用「誠」指代宇宙本體。需要進一步追問的是：孝是「天之經」「地之義」和「民之行」如何可能？如果作者不能從哲學上加以證明，這一結論的得出只不過是循環論證的獨斷論而已。令人遺憾的是，《孝經·三才章》並没有對此予以證明。《孝經·聖治章》的兩段話或許與孝何以是「民之行」有着一些内在邏輯關聯：「父子之道，天性也。」「天地之性，人爲貴。人之行，莫大於孝。孝莫大於嚴父，嚴父莫大於配天。」將人置放於「天地萬物一體」思維框架中討論，這是儒家一以貫之的思維模式，從孔子到孟子、董仲舒、二程、朱熹、王陽明，概莫能外。從「天性」探討父子之道，意味着不再局限於從道德視域論説道德，而是上升到哲學的高度論説道德。孝不再是道德論層面的觀念，而是倫理學層面的範疇，甚至已成爲宇宙論層面的本體。孔子當年説「仁者安仁」，以仁爲安，意味着以仁爲樂，情感的背後已隱伏人性的色彩。徐復觀甚至認爲，孔子的人性論可以歸納爲「人性仁」。《孝經》作者也從人性論高度證明孝存在正當性，在邏輯上與孔子的思路有所相近。爲何「人之行，莫大於孝」？明代呂維祺對此有所詮釋：「此因曾子之贊而推言之，以明本孝立教之義。曾子平日以報身爲孝，不知孝之通於天下，其大如此，故極贊之。而孔子言民性之孝，原於天地。天以生物覆幬爲常，故曰經也。地以承順利物爲宜，故曰義。得天之性爲慈愛，得地之性爲恭順，即此是孝，乃民之所當躬行者，故曰民之行。」（呂維祺《孝經大全》卷七）天地自然之性與人之性同出一源，相互貫通。天的德性是「慈愛」，地的德性是「恭順」，天地之性統合起來在人性的實現，表現爲「孝」。

雖然在對於孝何以是「天之經」「地之義」的證明過程付諸闕如，但漢代董仲舒對此有所證明，或許可以看作對《孝經》作者未竟事業的「自己講」。董仲舒認爲人與物相比較，具有兩大特點：一是偶天地，二是具有先驗的道德情感。道德觀念的産生並非人類社會發展到一定階段的精神産物，道德觀念源出於天：「何謂本？曰：天地人，萬物之本也。天生之，地養之，人成之。天生之以孝悌，地養之以衣食，人成之以禮樂，三者相爲手足，合以成體，不可一無也。無孝悌則亡其所以生，無衣食則亡其所以養，無禮樂則亡其所以成也。」孝是人之所以爲人的本質所在，孝屬於「天生」，近似於萊布尼茨的「先定和諧」。

董仲舒在《立元神》一文又將孝稱之爲「天本」「地本」和「人本」：「舉顯孝悌，表異孝行」是「奉天本」；「墾草殖穀」，豐衣足食，是「奉地本」；「修孝悌敬讓」，是「奉人本」。在可感的經驗世界之上，孝存在着一個超越的、形而上的本源。人倫之孝只不過是宇宙本體之德在人的落實。「爲生不能爲人，爲人者天也。人之人本於天，天亦人之曾祖父也。此人之所以乃上類天也。人之形體，化天數而成；人之血氣，化天志而仁；人之德行，化天理而義。」從「天生」「天本」「天理」過渡到「人之德行」，在董仲舒思想中不是一個只有結論而無中間論證過程的獨斷論命題，董仲舒從陰陽五行理論進行了論證。《易傳》嘗言「一陰一陽之謂道」，董仲舒繼而用陰陽學説來闡釋倫理道德觀念的正當性。「王道之三綱，可求於天」。陰陽之道包含兩個方面的内涵：

其一，陰陽相合，「陰者陽之合，妻者夫之合，子者父之合，臣者君之合，物莫無合，而合各有陰陽」。父子之合源自陰陽之合，父子關係由此獲得了存在神聖性。

其二，陰陽相兼，「陽兼於陰，陰兼於陽，夫兼於妻，妻兼於夫，父兼於子，子兼於父，君兼於臣，臣兼於君。君臣、父子、夫婦之義，皆取諸陰陽之道」。陰陽之氣互含互融，陰中有陽，陽中有陰。因此，父子之義不可變易。

在用陰陽理論論證基礎上，董仲舒進而側重從五行理論闡釋孝由「天生」如何可能。「木，五行之始也；水，五行之終也；土，五行之中也。此其天次之序也。木生火，火生土，土生金，金生水，水生木，此其父子也。」五行並不單純地指稱宇宙論意義上的五種元素，實際上它還蘊涵更多的人文意義。五行就是五種德行，而且這種德行是先在性的。「故五行者，乃孝子忠臣之行也」。具體就父子關係而言，孝存在的正當性何在呢？河間獻王問董仲舒：《孝經》説「夫孝，天之經，地之義」，這一結論是如何得出的？董仲舒回答：「天有五行，木火土金水是也。木生火，火生土，土生金，金生水。水爲冬，金爲秋，土爲季夏，火爲夏，木爲春。春主生，夏主長，季夏主養，秋主收，冬主藏。藏，冬之所成也。是故父之所生，其子長之；父之所長，其子養之；父之所養，其子成之。諸父所爲，其子皆奉承而續行之，不敢不致如父之意，盡爲人之道也。故五行者，五行也。由此觀之，父授之，子受之，乃天之道也。故曰：夫孝者，天之經也。此之謂也。」木與火、火與土、土與金、金與水、水與木之間，都存在父子之道。五行之間的相生是動態的、周轉的，這就意味着木火土金水五行都含有孝德。「生之」「長之」「養之」與「成之」，也都是周轉循環的，其間既蘊含自然之理，又涵攝父子之道。

何謂「地之義」?董仲舒解釋説:「地出雲爲雨,起氣爲風。風雨者,地之所爲。地不敢有其功名,必上之於天。命若從天氣者,故曰天風天雨也,莫曰地風地雨也。勤勞在地,名一歸於天。非至有義,其孰能行此?故下事上,如地事天也,可謂大忠矣。土者,火之子也。五行莫貴於土。土之於四時無所命者,不與火分功名。……忠臣之義,孝子之行,取之土。……此謂孝者地之義也。」在五行之中,董仲舒尤其重視土德,土被冠以「天潤」美名,其中緣由在於土德是孝德之本源。土是火之子,土生萬物而不争功,將功名歸之於天。因此,土有孝之德,所以「孝子之行」源自土德。因循董仲舒這一思維模式,父子之間的諸多道德規範似乎可以得到圓融無礙的詮釋:

子女爲何要孝敬父母?「法夏養長木,此火養母也。」

父子之間爲何要親親相隱?「法木之藏火也。」

子女爲何應諫親?「子之諫父,法火以揉木也。」

子爲何應順於父?「法地順天也。」

漢以孝治天下,何法?「臣聞之於師曰:『漢爲火德,火生於木,木盛於火,故其德爲孝,其象在《周易》之《離》。』夫在地爲火，在天爲日。在天者用其精，在地者用其形。夏則火王，其精在天，温暖之氣，養生百木，是其孝也。冬時則廢，其形在地，酷熱之氣，焚燒山林，是其不孝也。故漢制使天下誦《孝經》，選吏舉孝廉。」

董仲舒從陰陽五行證明孝德存在正當性，實質是證明孝存在一個形而上的宇宙本體論根據。宇宙間存在着大德，這一宇宙精神就是孝。孝既然源起於天，是「天之道」在人類社會的實現。那麽，如何協調天人之道，人之道如何遵循天之道而行，就成爲人類自身必須正確認識與處理的現實問題。董仲舒在《治水五行》與《五行變救》中探索了這一問題，他認爲，在「土用事」的七十二天中，人事應該循土德而行，「土用事，則養長老，存幼孤，矜寡獨，賜孝弟，施恩澤，無興土功」。實際上，在倫理道德層面「法天而行」，已不再是一個「是否可能」的哲學認識論問題，而是一個形而下的、勢在必行的社會現實問題。按照董仲舒天人感應的宇宙模式理論，地震、洪水、日月之食從來就不是一個單純的自然現象，而是賦予了衆多的人文意義。譬如，狂風暴雨不止，五穀不收，其原因在於「不敬父兄」。諸如此類的自然災害是天之「譴告」，是「天」以其獨具一格的形式警告統治者。因此，如何改弦更張，使人之道完整無損地循天之道而行，成爲人類自我救贖的唯一出路：

「救之者，省宫室，去雕文，舉孝悌，恤黎元。」

迨至南宋，楊簡弟子錢時繼而從「心即理」的哲學立場出發，對《孝經》「夫孝，天之經也，地之義也，民之行也」作了獨到的闡釋，思路與董仲舒不一樣。錢時認爲，天、地與人存在一個共同的、相通的「大心」，此心在天爲「經」，在地爲「義」，在人爲「孝」。「夫人但知善父母爲孝，安知天之所謂經者，即此孝乎？安知地之所謂義者，即此孝乎？……在天曰經，在地曰義，在民曰行，一也，無二致也。」（錢時《融堂四書管見》）天經、地義和民行，源起於一個共同的宇宙精神；天之心、地之心，就是祛除「私欲」之後澄明虛靈的本體心——「吾心」。三者相互貫通，本無二致。在人而言，「發明本心」是不學而知的良知良能。「吾心」與天地之心相融通，人有責任揭示與宣明天地之心的本質與意義。在「揭示」與「宣明」的過程中，人自身存在的意義也得到挺立。

錢時的思想源自陸象山，「心」才是哲學本體，孝只不過是心在人性的安頓。换言之，孝是心的分殊，而非本源。《孝經》作者、董仲舒和錢時三人，時代不一、哲學立足點有異。但是，三人所得出的結論又有異曲同工之處：對孝何以可能的探索，力圖超越可感世界的經驗歸納，嘗試超越就道德言道德的思維藩籬，力圖發展到從存在論和意義論高度去論證孝的本質。

《孝經》在漢代已形成三種重要的版本：其一，顔芝之子顔貞將家藏《孝經》獻給河間獻王，河間獻王繼而獻給朝廷。《孝經》文字爲戰國古文，時人以今文讀之，史稱今文《孝經》，即顔芝藏今文《孝經》本。其二，漢武帝時，魯恭王「壞孔子宅」，在牆壁中得古文《孝經》，史稱孔壁藏古文《孝經》本。其三，西漢末年，劉向以顔芝藏《今文孝經》爲底本，比勘今古文《孝經》，「除其繁惑」，最終校定爲十八章。劉向所確定的十八章今文本，影響久遠，馬融、鄭玄、唐玄宗等人注《孝經》，皆採用這一版本。

近年來，隨着古籍整理事業的發展，《孝經》類文獻的整理工作亦有很多新成果，如二〇一一年廣陵書社出版了《孝經文獻集成》，影印《孝經》文獻近百種。但是受制於《孝經》的篇幅，《孝經》類文獻大多部頭較小，難以單獨成册刊印，這在很大程度上制約了點校整理工作。我們編纂《孝經文獻叢刊》，選取較爲重要的《孝經》類文獻進行點校整理，把篇幅較小者匯輯成册，按照時代分爲「《孝經》古注説」「《孝經》宋元明人注説」「《孝經》清人注説」，以期彌補《孝經》文獻整理不足的缺憾，爲學術研究提供更爲準確易讀的文本。我們的選目，考慮到了目前《孝經》類文獻整理情況，如比較重要的《孝經注疏》，已經有多種點校本,我們「《孝經》清人注説」收録的《孝經義疏補》中亦全文鈔録,故未予選入。明代吕維祺的《孝經大全》、黄道周的《孝經集傳》,清代皮錫瑞的《孝經鄭注疏》等,或收在叢書,或録在全集,或獨自單行,近年皆有了整理本,故暫未予選入。本次出版,是《孝經文獻叢刊》的第一批整理成果,後續將有《孝經文獻總目》《孝經民國人注説》《孝經著述序跋彙編》等陸續整理出版。由於水平所限,我們的選目或有疏漏,點校亦難免有訛誤,尚乞讀者教正。

曾振宇　江曦

二〇二〇年九月十六日

整理説明

本書收録宋元明人《孝經》注説二十四種。

宋元時期，《孝經》訓釋考證著作頗富。據舒大剛先生統計，該時期治《孝經》者約有八十餘家，近百種著述，然今所存者，不過八家十餘種。宋元人治經，獨具時代特色，理學色彩濃厚，或推翻漢唐舊説，或復求古經舊貌。司馬光之《古文孝經指解》開治古文《孝經》之端，范祖禹繼之，袁甫、馮椅等尊之，朱熹、吴澄等改之，由疑今文而信古文，發展到據古文改今文。尤以朱熹《孝經刊誤》，别開删改經文一派，對後世影響極大。

至明代，在統治者的大力倡導下，《孝經》更是被視爲《四書》之根本，「六經」之總會，甚至出現《孝經》《尚書》《論語》並稱「三經」的觀點。上至士大夫知識分子推崇《孝經》，研習《孝經》以作進身之法門，下至普通民衆迷信神化《孝經》，甚至以之祈福禳災、超度亡人。明人解説《孝經》更盛，其著述多達一百三十餘種，現存者亦約有六十餘種，明代還出現了諸如朱鴻編《孝經總類》、江元祚編《孝經大全》等《孝經》學叢書。其解説則多以理學和忠順教化爲主，承朱熹《孝經刊誤》删經之風而更盛之，明代後期因陽明心學興起，解經又雜以心學、釋家思想。

宋元明時期《孝經》學於漢唐之外另開新局面，僅就《四庫全書總目》之評價，可略窺其大略：於朱熹之《孝經刊誤》，四庫館臣引陳振孫《直齋書録解題》云：「抱遺經於千載之後，而能卓然悟疑辨惑，非豪傑特起獨立之士，何以及此？」於吴澄之《孝經定本》，讚其「詮解簡明，亦秩然成理」。於項安世之學則高頌其「説經不尚虚言，訂覈同異，考究是非，往往洞見本原，迥出同時諸家之上」。於項霦之《孝經述注》，則稱其「其所詮釋，不務爲深奥之論，而循文衍義，案章標旨，詞意頗爲簡明」。故本書精選宋元明諸家《孝經》著述加以整理，或可有助於學者《孝經》學之研究。

本次整理點校，我們選取了宋元明《孝經》注説凡二十四種：

(一) 宋司馬光、范祖禹撰《古文孝經指解》

(二) 宋朱熹撰《孝經刊誤》

(三) 宋項安世撰《孝經説》

(四) 元董鼎撰《孝經大義》

（五）元吴澄撰《孝經定本》
（六）元何異孫撰《孝經問對》
（七）明項霦撰《孝經述注》
（八）明羅汝芳撰《孝經宗旨》
（九）明沈淮撰《孝經會通》
（十）明陳深撰《孝經解詁》
（十一）明楊起元撰《孝經引證》
（十二）明胡時化撰《孝經本義》
（十三）明姚舜牧撰《孝經疑問》
（十四）明孫本撰《孝經釋疑》
（十五）明孫本撰《古文孝經説》
（十六）明孫本撰《古文孝經解意》
（十七）明虞淳熙撰《從今文孝經説》
（十八）明虞淳熙撰《孝經集靈》

（十九）明虞淳熙撰《孝經爾言》

（二十）明朱鴻撰《家塾孝經》

（二十一）明朱鴻撰《古文孝經直解》

（二十二）明朱鴻撰《孝經質疑》

（二十三）明朱鴻撰《孝經臆説》

（二十四）明朱鴻撰《孝經目録》

以上由張恩標、徐瑞、李静雯分工點校。

本書在點校過程中，遵循以下原則：

一、本書所收宋元明三代二十四種《孝經》著作，大致按作者生卒年爲次。

二、每書之前各有點校説明，説明版本及點校整理情况等。

三、爲避免繁冗，凡底本不誤而校本有誤者不出校，惟底本有誤或義可兩存者，出校勘記。

四、正文中凡異文可通而不影響文義者，如「較」和「校」、「余」和「予」等，爲去繁冗，亦不出校。

五、一書所用校本如有序跋、提要等，皆作附録，或可有裨於讀者。

六、本次點校的《孝經》文獻多收入各叢書中，所用主要叢書版本如下：

《孝經叢書》，明朱鴻編，國家圖書館藏萬曆刻本。

《孝經總類》，明朱鴻編，上海古籍出版社二〇〇二年《續修四庫全書》影印國家圖書館藏明抄本。又上海圖書館、南京圖書館分别藏明抄本《孝經總函》，與《孝經總類》實爲同書異題，本次以上圖藏本爲參校。

《孝經大全》十集，明江元祚編，山東友誼出版社一九九〇年影印明崇禎間刻本。

《孝經全書》，明茅胤武編，北京大學圖書館藏崇禎刻本。

《孝經古注》，國家圖書館藏明崇禎四年程一礎閑拙齋刻本。

《通志堂經解》，清納蘭性德編，廣陵書社二〇〇七年影印康熙間刻本。

文淵閣《四庫全書》，上海古籍出版社一九八七年影印本。

《借月山房彙鈔》，清張海鵬編，上海博古齋一九二〇年影印清嘉慶間刻本。

《今古文孝經彙刻》，清王德瑛編，廣陵書社二〇一一年《孝經文獻集成》影印清道光間刻本。

《咫進齋叢書》，清姚覲元編，廣州出版社二〇一五年《廣州大典》影印清光緒刻本。

點校者
二〇一九年六月十日

目録

孝經疑問

孝經釋疑

古文孝經説

孝經目録

古文孝經指解

【宋】司馬光 指解
【宋】范祖禹 説
張恩標 點校

點校説明

《古文孝經指解》一卷，宋司馬光指解，范祖禹説。光（一〇一九—一〇八六）字君實，號迂叟，陝州夏縣人。宋仁宗寶元元年（一〇三八）進士。北宋政治家、史學家、文學家。著述頗多，如《資治通鑒》《稽古録》等。祖禹（一〇四一—一〇九八）字淳甫，一字夢得，成都華陽人。神宗時進士，從司馬光編修《資治通鑒》，光薦爲秘書省正字。宋哲宗元祐初，遷爲著作佐郎兼侍講，在講筵八年，蘇軾稱爲講官第一。著有《神宗實録》《唐鑒》等《古文孝經指解》，是司馬光爲古文《孝經》所作注解，亦是其崇尚古文《孝經》的實踐，其後門人范祖禹則作《古文孝經説》。至於二書合編，《四庫全書總目》云「此本不知誰所併，殆以二書相因而作，故合編也」。今所見傳本，惟此合編本，蓋以康熙時所刻《通志堂經解》本爲最早，後又有《四庫全書》本，《四庫全書》本其底本爲内府藏本，不知與《通志堂經解》本之底本是否同源。此外又有道光間輯刻《今古文孝經彙刻》本，其書將唐玄宗注文删去，僅保留司馬光指解、范祖禹説，非足本。又將《通志堂經解》本與《四庫全書》本對校,《經解》本錯訛較多,故以文淵閣《四庫全書》本爲底本,《經解》本作參校,進行點校。《四庫全書》本卷首有《古文孝經指解》之提要,今仍之。

《古文孝經指解》四庫提要

臣等謹按：《古文孝經指解》一卷，宋司馬光撰，范祖禹又續爲之説。宋《中興藝文志》曰：「自唐明皇時排毀古文，以《閨門》一章爲鄙俗，而古文遂廢。按此説舛錯，辨已見《孝經正義》條下。至司馬光始取古文爲《指解》。」又范祖禹《進〈孝經説〉札子》曰：「仁宗朝司馬光在館閣，爲《古文指解》，表上之。臣妄以所見，又爲之説。」《書録解題》載光書、祖禹書各一卷。此本不知誰所併，殆以二書相因而作，故合編也。王應麟《玉海》載光書進于至和元年，時爲殿中丞、直秘閣，與祖禹説小異。然光集所載進表稱「嘗撰《古文孝經指解》，皇祐中獻于仁宗皇帝。竊慮歲久不存，今繕寫爲一卷進上」云云，則祖禹所説者初進之本耳。《孝經》今文、古文，自《隋志》所載王劭、劉炫以來，即紛紛聚訟。至唐而劉知幾主古文，司馬貞主今文，其彼此駁議，《唐會要》具載其詞。至今説經之家亦多遞相左右，然所争者不過字句之間。觀光從〔一〕古文而句下乃備載唐玄宗今文之注，使二本南轅北轍，可移今文之注以注古文乎？宋黄震《日鈔》有曰：「按《孝經》一爾，古文、今文特所傳微有不同。如首章今文云：『仲尼居，曾子侍。』古文則云：『仲尼閒居，曾子侍坐。』今文云：『子曰：先王有至德要道。』古文則曰：『子曰：參，先王有至德要道。』今文云：『夫孝，德之本也，教之所由生也。』古文則曰：『夫孝，德之本，教之所由生。』文之或增或減，不過如此，于大義固無不同。至于分章之多寡，今文《三才章》『其政不嚴而治』與『先王見教之可以化民』通爲一章，古文則分爲二章；今文《聖治章》第九『其所因者本也』與『父子之道天性』通爲一章，古文則分爲二章；『不愛其親而愛他人者』，古文又分爲一章。章句之分合，率不過如此，于大義亦無不同。古文又云：『閨門之内，具禮矣乎！嚴父嚴兄。妻子臣妾，猶百姓徒役也。』此二十二字，今文全無之，而古文自爲一章，與前之分章者三，共增爲二十二。所異者又不過如是。非今文與古文各爲一書也。」其説可爲持平。光所解及祖禹所説，讀者觀其宏旨，以求天經地義之原足矣。其今文、古文之争，直謂賢者之過可

〔一〕「從」原作「後」，據浙本《四庫全書總目》改。

也。胡爌《拾遺録》嘗譏祖禹所説以光注「言之不通也」句誤爲經文。今證以朱子《刊誤》，爌説信然。然亦非大義所係，今姑仍原本録之，而附胡爌説，以糾其失焉。乾隆四十一年五月恭校上。

總纂官臣紀昀　臣陸錫熊　臣孫士毅

總校官臣陸費墀

今文孝經序

唐玄宗皇帝撰

朕聞上古，其風朴略，雖因心之孝已萌，而資敬之禮猶簡。及乎仁義既有，親譽益著，聖人知孝之可以教人也，故「因嚴以教敬，因親以教愛」。於是以順移忠之道昭矣，立身揚名之義彰矣。子曰：「吾志在《春秋》，行在《孝經》。」是知孝者，德之本歟。《經》曰：「昔者明王之以孝治天下也，不敢遺小國之臣，而況於公、侯、伯、子、男乎？」朕嘗三復斯言，景行先哲。雖無德教加於百姓，庶幾廣愛刑於四海。嗟乎！夫子没而微言絶，異端起而大義乖。況泯絶於秦，得之者皆煨燼之末；濫觴於漢，傳之者皆糟粕之餘。故魯史《春秋》，學開五傳；《國風》《雅》《頌》，分爲四《詩》。去聖逾遠，源流益別。近觀《孝經》舊注，踳駮尤甚。至於迹相祖述，殆且百家；業擅專門，猶將十室。希升堂者，必自開户牖；攀逸駕者，必騁殊軌轍。是以道隱小成，言隱浮僞。且傳以通經爲義，義以必當爲主。至當歸一，精義無二，安得不翦其繁蕪，而撮其樞要也？韋昭、王肅，先儒之領袖；虞翻、劉邵，抑又次焉。劉炫明安國之本,陸澄譏康成之注。在理或當,何必求人?今故特舉六家之異同,會五經之旨趣。約文敷暢,義則昭然;經分注錯,理亦條貫。寫之琬琰,庶有補於將來。且夫子談經,志取垂訓,雖五孝之用則别,而百行之源不殊。是以一章之中凡有數句,一句之内意有兼明,具載則文繁,略之又義闕,今存於疏,用廣發揮。

古文孝經指解序

朝奉郎守殿中丞充集賢校理史館檢討臣司馬光上進

聖人言則爲經，動則爲法，故孔子與曾參論孝，而門人書之，謂之《孝經》。及傳授滋久，章句寖差，孔氏之人畏其流蕩失真，故取其先世定本，雜虞夏商周之書及《論語》，藏諸壁中。苟使人或知之，則旋踵散失，故雖子孫不以告也。遭秦滅學，天下之書掃地無遺。漢興，河間人顔芝之子得《孝經》十八章，儒者相與傳之，是爲今文。及魯共王壞孔子宅，而古文始出，凡二十二章。當是之時，今文之學已盛，故古文排根，不得列於學官，獨孔安國及後漢馬融爲之傳。諸儒黨同疾異，信僞疑真，是以歷載累百而孤學沉厭，人無知者。隋開皇中，祕書學生王逸於陳人處得之，河間劉炫爲之作《稽疑》一篇，將以興墜起廢，而時人已多譏笑之者。及唐明皇開元中，詔議孔、鄭二家，劉知幾以爲宜行孔廢鄭。於是諸儒争難蠭起，卒行鄭學。及明皇自注，遂用十八章爲定。

先儒皆以爲孔氏避秦禁而藏書，臣竊疑其不然。何則？秦科斗之書廢絶已久，又始皇三十四年始下焚書之令，距漢興纔七年耳，孔氏子孫豈容悉無知者，必待共王然後乃出？蓋始藏之時，去聖未遠，其書最真，與夫他國之人轉相傳授、歷世疏遠者，誠不侔矣。且《孝經》與《尚書》俱出壁中，今人皆知《尚書》之真，而疑《孝經》之僞，是何異信膾之可啗而疑炙之不可食也？嗟乎！真僞之明，皦若日月，而歷世争論，不能自伸。雖其中異同不多，然要爲得正，此學者所當重惜也。前世中《孝經》多者五十餘家，少者亦不減十家。今祕閣所藏止有鄭氏、明皇及古文三家而已。其古文有經無傳，案孔安國以古文時無通者，故以隸體寫《尚書》而傳之，然則《論語》《孝經》不得獨用古文。此蓋後世好事者，用孔氏傳本，更以古文寫之。其文則非，其語則是也。

夫聖人之經高深幽遠，固非一人所能獨了，是以前世並存百家之説，使明者擇焉，所以廣思慮、重經術也。臣愚雖不足以度越前人之胸臆，窺望先聖之藩籬，至於時有所見，亦各言爾志之義。是敢輒以隸寫古文，爲之指解。其今文舊注有未盡者，引而伸之；其不合者，易而去之，亦未知此之爲是而彼之爲非。然經猶的也，一人射之，不若衆人射之，其爲取中多矣。臣不敢避狂僭之罪，而庶幾於先王之道萬一有所補焉。

古文孝經說序

修實録檢討官承議郎祕書省著作郎兼侍講臣范祖禹上進

古文《孝經》二十二章，與《尚書》《論語》同出於孔氏壁中，歷世諸儒疑眩莫能明，故不列於學官。今文十八章，自唐明皇爲之注，遂行於世。二書雖大同而小異，然得其真者，古文也。臣今竊以古爲據，而申之以訓説，雖不足以明先王之道，庶幾有萬一之補焉。臣謹上。

孝經指解

唐玄宗皇帝 注
司馬光 指解
范祖禹 説

仲尼閒居，今文無「閒」。玄宗曰：仲尼，孔子字。居，謂閒居。曾子侍坐。今文無「坐」。玄宗曰：曾子，孔子弟子。侍，謂侍坐。子曰：參，先王有至德要道，以順天下，民用和睦，上下無怨。女知之乎？玄宗曰：孝者，德之至、道之要也。言先代聖德之主，能順天下人心，行此至要之化，則上下神人和睦無怨。〇司馬光曰：聖人之德，無以加於孝，故曰「至德」；可以治天下，通神明，故曰「要道」。天地之經，而民是則，非先王强以教民，故曰「以順天下」。孝道既行，則父父、子子、兄兄、弟弟，故民和睦。下以忠順事其上，上不敢侮慢其下，故上下無怨。曾子避席曰：參不敏,何足以知之?玄宗曰:參,曾子名也。禮,師有問,避席起答。敏,達也。言參不達,何足以知此至要之義。子曰:夫孝,德之本,玄宗曰:人之行莫大於孝,故爲德本。教之所由生。玄宗曰:言教從孝而生。復坐,吾語女。玄宗曰:曾參起對,故使復坐。○司馬光曰:人之修德必始於孝,而後仁義生;先王之教亦始於孝,而後禮樂興。身體髮膚,受之父母,不敢毁傷,孝之始也。玄宗曰:父母全而生之,己當全而歸之,故不敢毁傷。○司馬光曰:身體,言其大;髮膚,言其細。細猶愛之,況其大乎。夫聖人之教所以養民而全其生也,苟使民輕用其身,則違道以求名,乘險以要利,忘生以決忿,如是而生民之類滅矣。故聖人論孝之始,而以愛身爲先。或曰:孔子云「有殺身以成仁」,然則仁者,固不孝與?曰:非此之謂也。此之所言,常道也;彼之所論,遭時不得已而爲之也。仁者豈樂殺其身哉?顧不能兩全,則捨生而取仁,非謂輕用其身也。立身行道,揚名於後世,以顯父母,孝之終也。玄宗曰:言能立身行此孝道,自然名揚後世,光顯其親,故行孝以不毁爲先,揚名爲後。○司馬光曰:人之所謂孝者,有事,弟子服其勞;有酒食,先生饌。聖人以爲此特養爾,非孝也。所謂孝,國人稱願然，曰：「幸哉！有子如此。」故君子立身行道以爲親也。夫孝，始於事親，中於事君，終於立身。玄宗曰：言行孝以事親爲始，事君爲中。忠孝道著，乃能揚名榮親，故曰「終於立身」也。○司馬光曰：明孝非直親而已。《大雅》云：「無念爾祖，聿修厥德。」玄宗曰：《詩·大雅》也。無念，念也。聿，述也。厥，其也。義取恒念先祖，述修其德。○司馬光曰：毋念，念也。言毋亦念爾之祖乎，而不修德也？引此以證人之修德，皆恐辱先也。○范祖禹曰：聖人之德，無以加於孝，故曰「至德」。治天下之道，莫先於孝，故曰「要道」。因民之性而順之，故曰「順天下」。民用和睦，上下無怨，順之至也。上以善道順下，故下無怨；下以愛心順上，故上無怨。人之爲德，必以孝爲本，先王所以治天下，亦本於孝，而後教生焉。孝者，五常之本，百行之基也。未有孝而不仁者也，未有孝而不義者也，未有孝而無禮者也，未有孝而不智者也，未有孝而不信者也。以事君則忠，以事兄則悌；以治民則愛，以撫幼則慈。德不本於孝，則非德也；教不生於孝，則非教也。君子之行，必本於身。《記》曰：「身也者，親之枝也，可不敬乎？」身體髮膚，受之於親而愛之，則不敢忘其本；不敢忘其本，則不爲不善以辱其親。此所以爲孝之始也。善不積，不足以立身；身不立，不足以行道。行修於内，而名從之矣。故以身爲法，於天下而揚名，於後世以顯其親者，孝之終也。居則事親者，在家之孝也；出則事長者，在邦之孝也；立身揚名者，永世之孝也。盡此三道者，君子所以成德也。《記》曰：「必則古昔，稱先王。」故孔子言孝，每以《詩》《書》明之。言必有稽也。

子曰：愛親者，不敢惡於人；玄宗曰：博愛也。敬親者，不敢慢於人。玄宗曰：廣敬也。○司馬光曰：語更端，故以「子曰」起之。不敢惡慢，明出乎此者，返乎彼者也。惡慢於人，則人亦惡慢之，如此辱將及親。愛敬盡於事親，而德教加於百姓，刑于四海。玄宗曰：刑，法也。君行博愛、廣敬之道，使人皆不慢惡其親，則德教加被天下，當爲四夷之所法則也。蓋天子之孝。玄宗曰：蓋，猶略也。孝道廣大，此略言之。○司馬光曰：愛恭人者，懼辱親也。然愛人，人亦愛之；恭人，人亦恭之。人愛之，則莫不親；人恭之，則莫不服。以天子而行此道，則德教可以加於百姓，刑于四海矣。刑，法也。言皆以爲法。《甫刑》云：「一人有慶，兆民賴之。」玄宗曰：《甫刑》，即《尚書・吕刑》也。一人，天子也。慶，善也。十億曰兆。義取天子行孝，兆人皆賴其善。○司馬光曰：慶，善也。一人爲善，而天下賴之。明天子舉動所及者遠，不可不慎也。○范祖禹曰：天子之孝，始於事親，以及天下。愛親，則無不愛也，故不敢惡於人；敬親，則無不敬也，故不敢慢於人。天子之於天下也，不敢有所惡，亦不敢有所慢，則事親之道極其愛敬矣。刑之爲言法也。德教加於百姓，刑于四海者，皆以天子爲法也。天子者，天下之表也，率天下以視一人。天子愛親，則四海之内無不愛其親者矣；天子敬親，則四海之内無不敬其親者矣。天子者，所以爲法於四海也。《詩》曰：「羣黎百姓，徧爲爾德。」故孝始於一心，而教被於天下；慶在其一身，而億兆無不賴之也。

在上不驕，高而不危；玄宗曰：諸侯，列國之君，貴在人上，可謂高矣，而能不驕，則免危也。○司馬光曰：高而危者，以驕也。制節謹度，滿而不溢。玄宗曰：費用約儉，謂之「制節」。慎行禮法，謂之「謹度」。無禮爲驕，奢泰爲溢。○司馬光曰：滿爲溢者，以奢也。制節，制財用之節。謹度，不越法度。高而不危，所以長守貴；滿而不溢，所以長守富。富貴不離其身，然後能保其社稷，而和其民人。玄宗曰：列國皆有社稷，其君主而祭之。言富貴常在其身，則長爲社稷之主，而人自和平也。**蓋諸侯之孝。**司馬光曰：能保社稷，孝莫大焉。**《詩》云：「戰戰兢兢，如臨深淵，如履薄冰。」**玄宗曰：戰戰，恐懼；兢兢，戒慎。臨深恐墮，履薄恐陷。義取爲君恒須戒慎。○司馬光曰：不敢爲驕奢。○范祖禹曰：國君之位，可謂高矣；有千乘之國，可謂滿矣。在上位而不驕，故雖高而不危；制節而能約，謹度而不過，故雖滿而不溢。貴者易驕，驕則必危；富者易盈，盈則必覆。故聖人戒之貴而不驕，則能保其貴矣；富而不奢，則能保其富矣。國君不可以失其位，惟勤於德，則富貴不離其身，故能保其社稷、和其民人。所受於天子、先君者也，能保之，則爲孝矣。《詩》云：「戰戰兢兢，如臨深淵，如履薄冰。」言處富貴者，持身當如此戒慎之至也。夫位愈大者，守愈約；民愈衆者，治愈簡。《中庸》曰：「君子篤恭而天下平。」故天子以事親爲孝，諸侯以守位爲孝。事親而天下莫不孝，守位而後社稷可保、民人乃和。天子者，與天地參，德配天地，富貴不足以言之也。

非先王之法服不敢服，玄宗曰：服者，身之表也。先王制五服，各有等差。言卿大夫遵守禮法，不敢僭上逼下。**非先王之法言不敢道，非先王之德行不**

敢行。玄宗曰：法言，謂禮法之言。德行，謂道德之行。若言非法，行非德，則虧孝道，故不敢也。○司馬光曰：君當制義，臣當奉法，故卿大夫奉法而已。是故非法不言，非道不行；玄宗曰：言必守法，行必遵道。○司馬光曰：謂出於身者也。口無擇言，身無擇行。玄宗曰：言行皆遵法、道，所以無可擇也。○司馬光曰：謂接於人者也。擇，謂或是或非，可擇者也。言滿天下無口過，行滿天下無怨惡。玄宗曰：禮法之言，焉有口過。道德之行，自無怨惡。○司馬光曰：謂及於天下者也。言雖遠及於天下，猶無過差，爲人所怨惡。三者備矣，然後能守其宗廟。玄宗曰：三者，服、言、行也。禮，卿大夫立三廟，以奉先祖。言能備此三者，則能長守宗廟之祀。蓋卿大夫之孝也。司馬光曰：三者，謂出於身、接於人、及於天下。《詩》云：「夙夜匪懈，以事一人。」玄宗曰：夙，早也。懈，惰也。義取爲卿大夫能早夜不惰，敬事其君也。○司馬光曰：言謹守法度以事君。○范祖禹曰：卿大夫以循法度爲孝。服先王之服，道先王之言，行先王之行，然後可以爲卿大夫。不言非法也，故口無可擇之言；

不行非道也，故身無可擇之行。欲言行無可擇者，正心而已矣。心正則無不正之言、不善之行。言日出於口皆正也，行日出於身皆善也。雖滿天下，而無口過怨惡，則可謂孝矣。《易》曰：「言行，君子之所以動天地也。」然則言滿天下，亦不必多；行滿天下，亦不必著。一言一行皆足以塞乎天下，其可不慎乎？

資於事父以事母，而愛同；司馬光曰：資，取也。取於事父之道以事母，其愛則等矣，而恭有殺焉，以父主義、母主恩故也。資於事父以事君，而敬同。玄宗曰：資，取也。言愛父與母同，敬父與君同。○司馬光曰：取於事父之道以事君，恭則等矣，而愛有殺焉，以君臣之際義勝恩故也。故母取其愛，而君取其敬，兼之者父也。玄宗曰：言事父兼愛與敬也。○司馬光曰：明父者，愛恭之至隆。故以孝事君則忠，玄宗曰：移事父孝以事於君，則爲忠矣。以敬事長則順。玄宗曰：移事兄敬以事於長，則爲順矣。忠順不失，以事其上，然後能保其爵禄，而守其祭祀。玄宗曰：能盡忠順以事君長，則常安禄位，永守祭祀。蓋士之孝也。司馬光曰：君言社稷，卿大夫言宗廟，士言祭祀，皆舉其盛者也。禮，庶人薦而不祭。《詩》云：「夙興夜寐，無忝爾所生。」玄宗曰：忝，辱也。所生，謂父母也。義取早起夜寐，無辱其親也。○司馬光曰：忝，辱也。言當夙夜爲善，毋辱其父母。○范祖禹曰：人莫不有本，父者，生之本也。事母之道取於事父之愛心也，事君之道取於事父之敬心也。其在母也愛同於父，非不敬母也，愛勝敬也；其在君也敬同於父，非不愛君也，敬勝愛也。愛與敬，父則兼之。是以致隆於父，一本故也。致一而後能誠，知本而後能孝。故移孝以事君則爲忠，推敬以事長則爲順。能保其爵禄，守其祭祀，則不辱。

子曰：因天之道，玄宗曰：春生、夏長、秋收、冬藏，舉事順時，此用天道也。○司馬光曰：春耕，秋穫。因地之利，玄宗曰：分别五土，視其高下，各盡所宜，此分地利也。○司馬光曰：高宜黍、稷，下宜稻、麥。謹身節用，以養父母。玄宗曰：身恭謹則遠恥辱，用節省則免饑寒，公賦既充則私養不闕。○司馬光曰：謹身則無過，不近兵刑；節用則不乏，以供甘旨。能此二者，養道盡矣。此庶人之孝也。玄宗曰：庶人爲孝，唯此而已。○司馬光曰：明自士以上，非直養而已，要當立身揚名，保其家國。

○范祖禹曰：因天之道，用其時也；因地之利，從其宜也。天有時，地有宜，而財用於是乎滋殖。聖人教民因之，以厚其生；謹身則遠罪，節用則不乏，故能以養父母。此孝之事也。

故自天子已下至於庶人，孝無終始，而患不及者，未之有也。玄宗曰：始自天子，終於庶人，尊卑雖殊，孝道同致，而患不能及者，未之有也。言無此理，故曰未有。○司馬光曰：始則事親也，終則立身行道也，患謂禍敗。言雖有其始而無其終，猶不得免於禍敗，而羞及其親，未足以爲孝也。○范祖禹曰：庶人以養父母爲孝。自士已上，則莫不有位。士以守祭祀爲孝，卿大夫以守宗廟爲孝，諸侯以保社稷爲孝。至於愛敬之道，則自天子至於庶人一也。始於事親，終於立身者，孝之終始。自天子至於庶人，孝不能有終有始，而禍患不及者，未之有也。天子不能刑四海，諸侯不能保社稷，卿大夫不能守宗廟，士不能守祭祀，庶人不能養父母，未有災不及其身者也。

曾子曰：甚哉，孝之大也！玄宗曰：參聞行孝無限高卑，始知孝之爲大也。○司馬光曰：曾子始者，亦謂養親爲孝耳。及聞孔子之言，立身治國之道皆本於孝，乃驚嘆其大。

子曰：夫孝，天之經，地之義，民之行。玄宗曰：經，常也。利物爲義。孝爲百行之首，人之恒德，若三辰運天而有常，五土分地而爲義也。**天地之經，而民是則之。**玄宗曰：天有常明，地有常利。言人法則天地，亦以孝爲常行也。○司馬光曰：經，常也。言孝者，天地之常，自然之道，民法之以爲行耳。其爲大不亦宜乎？**因天之明，因地之義，以順天下。是以其教不肅而成，其政不嚴而治。**玄宗曰：法天明以爲常，因地利以行義，順此以施政教，則不待嚴肅而成理也。○司馬光曰：王者逆於天地之性，則教肅而民不從，政嚴而事不治。今上則天明，下則地義，中順民性，又何待於嚴肅乎？**先王見教之可以化民也，**玄宗曰：見因天地教化人之易也。○司馬光曰：教當作「孝」，聲之誤也。知孝，天地之經，易以化民也。**是故先之以博愛，而民莫遺其親；**玄宗曰：君愛其親，則人化之，無有遺其親者。○司馬光曰：此親謂九族之親，疏且愛之，況於親乎？**陳之以德義，而民興行；**玄宗曰：陳説德義之美，爲衆所慕，則人起心而行之。○司馬光曰：陳，謂陳列以教人。興行，起爲善行。**先之以敬讓，而民不争；**玄宗曰：君行敬讓，則人化而不争。**導**

之以禮樂，而民和睦；玄宗曰：禮以檢其跡，樂以正其心，則和睦矣。○司馬光曰：禮以和外，樂以和内。示之以好惡，而民知禁。玄宗曰：示好以引之，示惡以止之，則人知有禁令，不敢犯也。○司馬光曰：君好善而能賞，惡惡而能誅，則下知禁矣。五者皆孝治之具。《詩》云：「赫赫師尹，民具爾瞻。」玄宗曰：赫赫，明盛貌也。尹氏爲太師，周之三公也。義取大臣助君行化，人皆瞻之也。○司馬光曰：赫赫，明盛貌。師尹，周太師尹氏。具，俱也。言上之所爲，下必觀而化之。○范祖禹曰：《易》曰：「大哉乾元，萬物資始。」資始，則父道也。又曰：「至哉坤元，萬物資生。」資生，則母道也。天施之，萬物莫不本於天，故孝者天之經；地生之，萬物莫不親於地，故孝者地之義。天地之道，順而已矣。經者，順之常也；義者，順之宜也。不順則物不生。天地順萬物，故萬物順天地。民生於天地之間，爲萬物之靈，故能則天地之經以爲行。在天地則爲順，在人則爲孝，其本一也。則天地以爲行者，民也；則天地以爲道者，王也。故上則因天之明，下則因地之義。「教不肅而成，政不嚴而治」，皆因人心也。先之博愛者，身先之也。博愛者，無所不愛，況其親族，其可遺之乎？上之所爲，不令而從之，故君能博愛，則民不遺其親矣。「陳之以德義」，德者，得也；義者，宜也。得於己，宜於人，必可見於天下，則民莫不興行矣。「先之以敬讓」，爲上者不可不敬，爲國者不可不讓。先之以敬讓，所以教民不争也。禮者，非玉帛之謂也；樂者，非鐘鼓之謂也。禮所以修外，主於節；樂所以修内，主於和。天叙有典，天秩有禮，五典、五禮，所以奉天也。有序則和樂，故樂由是生焉。有序而和，未有不親睦者也。導之以禮樂，則民和睦矣。上之所好，不必賞而勸；上之所惡，不必罰而懲。好善而惡惡，則民知所禁，甚於刑賞。故人君爲天下，示其好惡所在而已矣。《詩》云：「赫赫師尹，民具爾瞻。」言民之從於上也。

子曰：昔者明王以孝治天下也，玄宗曰：言先代聖明之王，以至德要道化人，是爲孝理。不敢遺小國之臣，而況於公、侯、伯、子、男乎？玄宗曰：小國之臣，至卑者耳，主尚接之以禮，況於五等諸侯？是廣敬也。○司馬光曰：遺謂簡忽，使之失所。故得萬國之懽心，以事其先王。玄宗曰：萬國，舉其多也。言行孝道，以理天下，皆得懽心，則各以其職來助祭也。○司馬光曰：莫不得所欲，故皆有懽心。以之事先王，孝孰大焉。治國者，不敢侮於鰥寡，而況於士民乎？玄宗曰：理國，謂諸侯也。鰥寡，國之微者，君尚不敢輕侮，況知禮義之士乎？○司馬光曰：諸侯侮，謂輕棄之。士，謂凡在位者。故得百姓之懽心，以事其先君。玄宗曰：諸侯能行孝理，得所統之懽心，則皆恭事助其祭享也。治家者，不敢侮於臣妾，而況於妻子乎？玄宗曰：理家，謂卿大夫。臣妾，家之賤者。妻子，家之貴者。故得人之懽心，以事其親。玄宗曰：卿大夫位以材進，受禄養親，若能孝理其家，則得小大之懽心，助其奉養。夫然，故生則親安之，祭則鬼享之。玄宗曰：「夫然」者，然，上孝理皆得懽心，則存安其榮，没享其祭。○司馬光曰：治天下國家者，苟不用此道，則近於危辱，非孝也。是以天下和平，災害不生，司馬光曰：天道和。禍亂不作。玄宗曰：上敬下懽，存安没享，人用和睦，以致太平，則災害、禍亂無因而起。○司馬光曰：人理平。古文「亂」作「䜌〔一〕」，舊讀作變，非。故明王之以孝治天下如

〔一〕「䜌」疑當作「䜌」。

此。玄宗曰：言明王以孝爲理，則諸侯以下化而行之，故致如此福應。○司馬光曰：使國以孝治其國，家以孝治其家，以致和平。《詩》云：「有覺德行，四國順之。」玄宗曰：覺，大也。義取天子有大德行，則四方之國順而行之。○司馬光曰：覺，大也，直也。言王者有大直之德行。謂以孝治天下，故四方之國無敢逆之。○范祖禹曰：天子不敢遺小國之臣，則待公、侯、伯、子、男以禮可知矣。上以禮待下，下以禮事上，而愛敬生焉。愛敬，所以得天下之懽心也。以萬國懽心而事先王，此天子孝之大者也。治國者不敢侮鰥寡，則無一夫不獲其所矣。以百姓懽心而事先君，此諸侯孝之大者也。伊尹曰：「匹夫匹婦，不獲自盡，民主罔與成厥功。」天子之於天下，諸侯之於一國，有一夫不獲其所，一物不得其養，則於事先王、先君有不至者矣。治家者遇臣妾以道，待妻子以禮，然後可以得人之懽心，而不辱其親矣。自天子至於卿大夫，事親，以懽心爲大。天子必得天下之心，諸侯必得一國之心，卿大夫必得人之心，乃可以爲孝矣。夫知幽莫如顯，知死莫如生，能事親則能事神，故生則親安之，祭則鬼享之，其理然也。災害，天之所爲也；禍亂，人之所爲也。夫孝，致之而塞乎天地，溥之而横乎四海。推一人之心，而至於陰陽和，風雨時，故災害不生；禮樂興，刑罰措，故禍亂不作。《詩》云：「有覺德行，四國順之。」以天下之大而莫不順於一人，惟能孝也。

曾子曰：敢問聖人之德，其無以加於孝乎？玄宗曰：參聞明王孝理以致和平，又問聖人德教更有大於孝不？○司馬光曰：言聖人之德，亦止於孝而已邪？子曰：天地之性，人爲貴。玄宗曰：貴其異於萬物也。○司馬光曰：人爲萬物之靈。人之行，莫大於孝。玄宗曰：孝者，德之本也。○司馬光曰：孝者，百行之本。孝莫大於嚴父，玄宗曰：萬物資始於乾，人倫資父爲天。故孝行之大，莫過尊嚴其父也。○司馬光曰：嚴，謂尊顯之。嚴父莫大於配天，則周公其人也。玄宗曰：謂父爲天，雖無貴賤，然以父配天之禮始自周公，故曰「其人」也。○司馬光曰：聖人之孝，無若周公事業著明，故舉以爲説。昔者，周公郊祀后稷以配天，玄宗曰：郊，謂圜丘祀天也。周公攝政，因行郊天之祭，乃尊始祖以配之也。后稷，周之始祖也。宗祀文王於明堂，以配上帝。玄宗曰：明堂，天子布政之宫也。周公因祀五方上帝於明堂，乃尊文王以配之也。是以四海之内，各以其職來助祭。玄宗曰：君行嚴配之禮，則德教刑於四海。海内諸侯，各修其職來助祭也。夫聖人之德，又何以加於孝乎？玄宗曰：言無大於孝者。○司馬光曰：武王克商，則后稷、文王固有配天之尊矣，然居位日寡，禮樂未備，政教未洽，其於尊顯之道猶若有闕。及周公攝政，制禮作樂，以致太平，四海之内莫不服從，各率其職以來助祭，然後聖人之孝於斯爲盛。故親生之膝下，以養父母日嚴。玄宗曰：親，猶愛也。膝下，謂孩幼之時也。言親愛之心，生於孩幼。比及年長，漸識義方，則日加尊嚴，能致敬於父母也。○司馬光曰：此下又明聖人以孝德教人之道也。親者，親愛之心。膝下，謂孩幼嬉戲於父母膝下之時也。當是之時，已有親愛之心，而未知嚴恭。及其稍長，則日加嚴恭。明皆出其天性，非聖人强之。膝，或作「育」。聖人因嚴以教敬，因親以教愛。玄宗曰：聖人因其親嚴之心，敦以愛敬之教。故出以就傅、趨而過庭以教敬也；抑搔癢痛、縣衾篋枕以教愛也。○司馬光曰：嚴親者，因心自然；恭愛者，約之以禮。聖人之教，不肅而成，其政不嚴而治，玄宗曰：聖人順羣心以行愛敬，制禮則以施政教，亦不待嚴肅而成理也。其所因者本也。玄宗曰：本謂孝也。○司馬光曰：本謂天性。○范祖禹曰：天地之生萬物，惟人爲貴。人有天地之貌，懷五常之性，故人之行莫大於孝。聖人者，人倫之先也，惟孝爲大。嚴父，孝之大者也。天子有配天之理，配天，嚴父之大者也，自周公始行之。故郊祀后稷以配天，宗祀文王以配上帝，四海之内皆來助祭也，所謂得萬國之懽心，事先王者也。聖人德至以如此，惟生於心也。孩提之童，無不知愛其親者，故循其本而言之。親愛之心，生於膝下，此其生知之良心。親既長矣，則知養父母而日加敬矣，此亦其自然之良心也。聖人非能强人，以爲善順其性使明於善而已矣。愛敬之心，人皆有之，故因其有嚴而教之敬，因其有親而教之愛，此所以教不肅而成，政不嚴而治。其治同者，因於人之天性故也。

子曰：父子之道，天性，司馬光曰：不慈、不孝，情敗之也。君臣之義。玄宗曰：父子之道，天性之常，加以尊嚴，又有君臣之義。○司馬光曰：父君子臣。父母生之，續莫大焉。玄宗曰：父母生子，傳體相續。人倫之道，莫大於斯。○司馬光曰：人之所貴有子孫者，爲續祖父之業故也。續，或作「績」。君親臨之，厚莫重焉。玄宗曰：謂父爲君，以臨於己。恩義之厚，莫重於斯。○司馬光曰：有君之尊，有親之親，恩義之厚，莫此爲重。○范祖禹曰：父慈子孝者於天性，非人爲之也。父尊子卑，則君臣之義立矣，故有父子，然後有君臣。《中庸》曰：「父母其順矣乎。」父之愛子，子之孝父，皆順其性而已矣。君臣之義，生於父子。人非父不生，非君不治，故有父斯有子，有君斯有臣，天地定位而父子、君臣立矣。父母生之，續其世莫大焉。有君之尊，有親之親，以臨於己，義之存莫重焉。能知此，則愛敬隆矣。

子曰：不愛其親而愛他人者，謂之悖德；不敬其親而敬他人者，謂之悖禮。玄宗曰：言盡愛敬之道，然後施教於人，違此則於德禮爲悖也。○司馬光曰：苟不能恭愛其親，雖恭愛他人，猶不免於悖，以明「孝者，德之本」也。以順則逆，民無則焉。玄宗曰：行教以順人心，今自逆之，則下無所法則也。○司馬光曰：謂之順，則不免於逆，又不可爲法則。不在於善，而皆在於凶德，玄宗曰：善，謂身行愛敬也。凶,謂悖其德禮也。雖得之,君子所不貴。玄宗曰:言悖其德禮,雖得志於人上,君子之所不貴也。○司馬光曰:得之,謂幸而有功利。君子則不然,玄宗曰:不悖於德禮也。言斯可道,行斯可樂,玄宗曰:思可道而後言,人必信也;思可樂而後行,人必悦也。德義可尊,作事可法,玄宗曰:立德行義,不違道正,故可尊也;制作事業,動得物宜,故可法也。容止可觀,進退可度,玄宗曰:容止,威儀也,必合規矩,則可觀也;進退,動静也,不越禮法,則可度也。以臨其民。是以其民畏而愛之,則而象之。玄宗曰:君行六事,臨撫其人,則下畏其威,愛其德,皆放象於君也。故能成其德教,而行政令。玄宗曰:上正身以率下,下順上而法之,則德教成、政令行也。○司馬光曰:可道,純正可傳道也。容止,容貌動止也。言皆當極其尊美,使民法之,不爲苟得之功利。《詩》云:「淑人君子,其儀不忒。」玄宗曰:淑,善也。忒,差也。義取君子威儀不差,爲人法則。○司馬光曰:淑,善。忒,差也。言善人君子内德既茂,又有威儀,然後民服其教。○范祖禹曰:君子愛親而後愛人,推愛親之心以及人也夫，是之謂順德；敬親而後敬人，推敬親之心以及人也夫，是之謂順禮。若夫有愛心而不知愛親，乃以愛人，是心也，無自而生焉；有敬心而不知敬親，乃以敬人，是心也，亦無自而生焉。無自而生者，無本也，故謂之悖。自內而出者，順也；自外而入者，逆也。不施之親而施之他人，是不知己之所由生也。以爲順，則逆，不可以爲法，故民無則焉。失其本心，則日入於惡，故不在於善，皆在於凶德。雖得志於人上，君子不貴也。君子存其心，修其身，爲順而不悖。「言斯可道」，皆法言也；「行斯可樂」，皆善行也；「德義可尊，作事可法」，所以表儀於民；「容止可觀，進退可度」，德充於內，故禮發於外，美之至也。以此臨民，則民畏其敬而愛其仁，則其儀而象其行。故以德教先民，而無不成；以政令率民，而無不行。《詩》云：「淑人君子，其儀不忒。」言其德之見於外也。

子曰：孝子之事親，居則致其敬，玄宗曰：平居必盡其敬。○司馬光曰：恭己之身，不近危辱。養則致其樂，玄宗曰：就養能致其懽。○司馬光曰：樂親之志。病則致其憂，玄宗曰：色不滿容，行不正履。喪則致其哀，玄宗曰：擗踊哭泣，盡其哀情。祭則致其嚴。玄宗曰：齋戒沐浴，明發不寐。○司馬光曰：嚴，猶慕也。五者備矣，然後能事親。玄宗曰：五者闕一，則未爲能。事親者，居上不驕，玄宗曰：當莊敬以臨下也。爲下不亂，玄宗曰：當恭謹以奉上也。○司馬光曰：亂者，干犯上之禁令。在醜不争。玄宗曰：醜，衆也。争，競也。當和順以從衆也。○司馬光曰：醜，類也。謂己之等夷。居上而驕則亡，爲下而亂則刑，在醜而争則兵。玄宗曰：謂以兵刃相加。○司馬光曰：争而不已，必以兵刃相加。此三者不除，雖日用三牲之養，猶爲不孝也。玄宗曰：三牲，太牢也。孝以不毁爲先。言上三事皆可亡身，而不除之，雖日致太牢之養，固非孝也。○司馬光曰：三牲，牛、羊、豕，太牢也。三者不除，憂將及親，雖日具太牢之養，庸爲孝乎？○范祖禹曰：「居則致其敬」者，舜夔夔齋慄，文王朝於王季日三是也。「養則致其樂」者，舜以天下養、曾子養志是也。「病則致其憂」者，武王養疾，文王一飯亦一飯、文王再飯亦再飯是也。喪與祭，孝之終也，備此然後能事親。「居上不驕」、「爲下不亂」、「在醜不争」，皆恐危其親也。居上而驕，則天子不能保四海，諸侯不能保社稷，故亡；爲下而亂，則入刑之道也；在醜而争，則興兵之道也。孝莫大於寧親，三者不除，災必及親。雖能備物以養，猶爲不孝也。

子曰：五刑之屬三千，而罪莫大於不孝。玄宗曰：五刑，謂墨、劓、剕、宮、大辟也。條有三千，而罪之大者，莫過不孝。○司馬光曰：五刑之屬三千者，異罪同罰，合三千條也。要君者無上，玄宗曰：君者，臣之稟命也，而敢要之，是無上也。○司馬光曰：君令臣行，所謂順也，而以臣要君，故曰無上。非聖者無法，玄宗曰：聖人制作禮法，而敢非之，是無法也。○司馬光曰：聖人，道之極、法之原也，而非之，是無法。非孝者無親。玄宗曰：善事父母爲孝，而敢非之，是無親也。○司馬光曰：父母且不能事，而況他人，其誰親之？此大亂之道也。玄宗曰：言人有上三惡，豈惟不孝，乃是大亂之道。○司馬光曰：無上則統紀絶，非法則規矩滅，無親則本根蹷。三者，大亂之所由生也。○范祖禹曰：人之善莫大於孝，其惡莫大於不孝，故聖人制刑，不孝之罪爲大。君者，臣之所稟令也，而要之，是無上；聖人者，法之所自出也，而非之，是無法；人莫不有親，而以孝爲非，則是無其父母。此三者，致天下大亂之道也。聖人制刑，以懲夫不孝、要君、非聖之人，所以防天下之亂也。

子曰：教民親愛，莫善於孝。司馬光曰：親愛，謂和睦。教民禮順，莫善於弟。玄宗曰：言教人親愛禮順，無加於孝悌也。○司馬光曰：禮順，有禮而順。移風易俗，莫善於樂。玄宗曰：風俗移易，先入樂聲。變隨人心，正由君德。正之與變，因樂而彰，故曰「莫善於樂」。○司馬光曰：蕩滌邪心，納之中和。安上治民，莫善於禮。玄宗曰：禮所以正君臣、父子之别，明男女、長幼之序，故可以安上化下也。○司馬光曰：尊卑有序，各安其分，則上安而民治。禮者，敬而已矣。玄宗曰：敬者，禮之本也。○司馬光曰：將明孝而先言禮者，明禮、孝同術而異名。故敬其父，則子悦；敬其兄，則弟悦；敬其君，則臣悦；敬一人，而千萬人悦。玄宗曰：居上敬下，盡得懽心，故曰「悦」也。○司馬光曰：天下之父、兄、君，聖人非能徧致其恭，恭一人，則與之同類者千萬人皆悦。所敬者寡，而悦者衆，此之謂要道。司馬光曰：所守者約，所獲者多，非要而何。○范祖禹曰：孝於父，則能和於親；弟於兄，則能順於長。故欲民親愛、禮順，莫如教以孝弟。樂者，天下之和也；禮者，天下之序也。和，故能移風易俗；序，故能安上治民。夫風俗，非政令之所能變也，必至於有樂而後治道成焉。禮則無所不敬而已。天下至大，萬民至衆，聖人非能徧敬之也，敬其所可敬者，而天下莫不悦矣。故敬人之父，則凡爲人子者無不悦矣；敬人之兄，則凡爲人弟者無不悦矣；敬人之君，則凡爲人臣者無不悦矣。「敬一人而千萬人悦」者，以此道也。聖人執要以御繁，敬寡而服衆，是以不勞而治道成也。

子曰：君子之教以孝也，非家至而日見之也。玄宗曰：言教不必家到户至，日見而語之。但行孝於内，其化自流於外。○司馬光曰：在於施得其要而已。

教以孝，所以敬天下之爲人父者。教以弟，所以敬天下之爲人兄者。玄宗曰：舉孝悌以爲教，則天下之爲人子弟者，無不敬其父兄也。教以臣，所以敬天下之爲人君者。玄宗曰：舉臣道以爲教，則天下之爲人臣者，無不敬其君也。○司馬光曰：天下之父、兄、君，聖人非能身往恭之，修此三道以教民，使民各自恭其長上，則聖人之德無不徧矣。

《詩》云：「愷悌君子，民之父母。」玄宗曰：愷，樂。悌，易也。義取君以樂易之道化人，則爲天下蒼生之父母也。○司馬光曰：愷，樂。悌，易也。樂易，謂不尚威猛而貴惠和也。能以三道教民者，樂易之君子也。三道既行，則尊者安乎上，卑者順乎下，上下相保，禍亂不生，非爲民父母而何？非至德，其孰能順民如此其大者乎！范祖禹曰：君子所以教天下，非人人而諭之也，推其誠心而已。故教民孝，則爲父者無不敬之；教民弟，則爲兄者無不敬之；教民臣，則爲君者無不敬之矣。君子所謂教者，孝而已。施於兄，則謂之弟；施於君，則謂之臣。皆出於天性，非由外也。《詩》云：「愷悌君子，民之父母。」愷以强教之，悌以悦安之，爲民父母，惟其職是教也。父母之於子，未有不愛而教之，樂而安之也。至德者，善之極也，聖人無以加焉。故曰「順民」，而不曰「治民」。孝者，民之秉彝，先王使民率性而行之，順其天理而已矣，故不曰「治」。

子曰：昔者明王事父孝，故事天明；事母孝，故事地察；玄宗曰：王者父事天、母事地。言能敬事家廟，則事天地能明察也。○司馬光曰：王者，父天母地。事父孝，則知所以事天，故曰明；事母孝，則知所以事地，故曰察。長幼順，故上下治。玄宗曰：君能尊諸父，先諸兄，則長幼之道順，君人之化理。○司馬光曰：長幼者，言乎其家；上下者，言乎其國。能使家之長幼順，則知所以治國之上下矣。天地明察，神明彰矣。玄宗曰：事天地能明察，則神感至誠而降福祐，故曰彰也。○司馬光曰：神明者，天地之所爲也。王者知所以事天地，則神明之道昭彰可見矣。故雖天子，必有尊也，言有父也；必有先也，言有兄也。玄宗曰：父謂諸父，兄謂諸兄，皆祖考之胤也。禮，君燕族人，與父兄齒也。宗廟致敬，不忘親也。玄宗曰：言能敬祀宗廟，則不敢忘其親也。修身慎行，恐辱親也。玄宗曰：天子雖無上於天下，猶修持其身，謹慎其行，恐辱先祖而毁盛業也。○司馬光曰：天子至尊，繼世居長，宜若無所施其孝弟然，故舉此四者，以明天子之孝弟也。有尊，謂承事天地。有先，謂尊嚴德齒之人也。宗廟致敬，鬼神著矣。玄宗曰：事宗廟能盡敬，則祖考來格，享於克誠，故曰著矣。○司馬光曰：知所以事宗廟，則其餘事鬼神之道皆可知。孝弟之至，通於神明，光於四海，無所不通。玄宗曰：能敬宗廟、順長幼，以極孝悌之心，則至性通於神明，光於四海，故曰「無所不通」。○司馬光曰：通於神明者，鬼神歆其祀而致其福；光於四海者，兆民歸其德而服其教。鬼神至幽，四海至遠，然且不違，況其邇者，烏有不通乎？《詩》云：「自西自東，自南自北，無思不服。」玄宗曰：義取德教流行，莫不服義從化也。○司馬光曰：道隆德洽，四方之人無有思爲不服者，言皆服也。○范祖禹曰：王者事父孝，故能事天；事母孝，故能事地。事天以事父之敬，事地以事母之愛。明者，誠之顯也；察者，德之著也。明察，事天地之道盡矣。長幼順者，其家道正也；上下治者，其君臣嚴也。事父母以格天地、正長幼，以嚴朝廷。上達乎天，下達乎地，誠之所至，則神明彰矣。天子者，天下之至尊也，承事天地以教天下，則以有父也；貴老敬長以率天下，則以有兄也。宗廟致敬，非祭祀而已也；修身慎行，恐辱及宗廟也。鬼神之爲德，視之而不見，聽之而不聞，爲之宗廟以存之，則可以著見矣。《書》曰：「祖考來格。」又曰：「黍稷非馨，明德惟馨。」孝至於此，則鬼神享其誠而致其福，四海服其德而順其行，格於上下，旁燭幽隱，天之所覆，地之所載，日月所照，霜露所墜，無所不通，四方之人豈有不思服者乎？

子曰：君子之事親孝，故忠可移於君；玄宗曰：以孝事君則忠。事兄弟，故順可移於長；玄宗曰：以敬事長則順。○司馬光曰：長謂卿士大夫，凡在己上者也。居家理，故治可移於官。玄宗曰：君子所居則化，故可移於官也。○司馬光曰：《書》云：「孝乎惟孝，友于兄弟，克施有政。」是故行成於內，而名立於後世矣。玄宗曰：修上三德於內，名自傳於後代。○范祖禹曰：君者，父道也；長者，兄道也；國者，家道也。以事父之心而事君，則忠矣；以事兄之心而事長，則順矣；以正家之禮而正國，則治矣。君子未有孝於親，而不忠於君；悌於兄，而不順於長；理於家，而不治於官者也。故正國之道，在治其家；正家之道，在修其身；修身之道，在順其親。此孝所以爲德之本也。子曰：閨門之內，具禮矣乎！司馬光曰：宮中之門其小者，謂之闈。禮者，所以治天下之法也。閨門之內，其治至狹，然而治天下之法舉在是矣。嚴父嚴兄。司馬光曰：事君、事長之禮也。妻子臣妾，猶百姓徒役也。司馬光曰：徒役，皂牧。妻子猶百姓，臣妾猶皂牧，御之必以其道，然後上下相安。唐明皇時，議者排毀古文，以《閨門》一章爲鄙俗不可行。《易》曰：「正家而天下定。」《詩》云：「刑于寡妻，至於兄弟，以御於家邦。」與此章所言，何以異哉？○范祖禹曰：閨門之內，具治天下之禮也。嚴父，則尊君也；嚴兄，則敬長也。妻子猶百姓，臣妾猶徒役，國以民爲本,家以妻子爲本;非民無以爲國,非妻與子無以爲家。待妻子以禮,遇臣妾以道,則猶百姓不可不重,徒役不可不知其勞也。《易》曰:「正家而天下定矣。」《孟子》曰:「天下之本在國,國之本在家,家之本在身。」一家之治猶天下,天下之大猶一家也。善治者,正身而已矣。

曾子曰:若夫慈愛、司馬光曰:謂養致其樂。慈,亦愛也。《内則》曰:「慈以旨甘。」恭敬、司馬光曰:謂居致其恭。安親、司馬光曰:不近兵刑。揚名,司馬光曰:立身行道。參聞命矣。司馬光曰:四者包攝上孔子之言。敢問從父之令,可謂孝乎?玄宗曰:事父有隱無犯,又敬不違,故疑而問之。○司馬光曰:聞令則從,不恤是非。子曰:是何言與?是何言與?言之不通也。玄宗曰:有非而從,成父不義,理所不可,故再言之。昔者天子有争臣七人,雖無道,不失其天下;司馬光曰:天下至大,萬機至重,故必有能争者及七人,然後能無失也。諸侯有争臣五人,雖無道,不失其國;大夫有争臣三人,雖無道,不失其家；玄宗曰：降殺以兩，尊卑之差。争，謂諫也。言雖無道，爲有争臣，則終不至失天下、亡家國也。士有争友，則身不離於令名；玄宗曰：令，善也。益者三友。言受忠告，故不失其善名。〇司馬光曰：士無臣，故以友争。父有争子，則身不陷於不義。玄宗曰：父失則諫，故免陷於不義。〇司馬光曰：通上下而言之。故當不義，則子不可以弗争於父，臣不可以弗争於君。玄宗曰：不争則非忠孝。故當不義則争之。從父之令，焉得爲孝乎？范祖禹曰：父有過，子不可以不争，争所以爲孝也；君有過，臣不可以不争，争所以爲忠也。子不争，則陷父於不義，至於亡身；臣不争，則陷君於無道，至於失國。故聖人深戒曾子從父之令：「是何言與？是何言與？」古者天子設四輔及三公，卿大夫、士皆有諫職，至於瞽獻典、史獻書、師箴、瞍賦、矇誦、百工獻藝、庶人傳言、近臣盡規、親戚補察、耆老教誨，所以救過防失之道至矣，然而必有争臣焉。争者，諫之大者也。諫而不入則犯顔，引義以争之，不聽則不止。故必有力争者至於七人，則雖無道，猶可以不失天下；諸侯必有五人，乃可以不失其國；大夫必有三人，乃可以不失其家。言争臣之不可無也。忠臣之事聖君也，諫於無形而止於未然;事賢君也,諫於已然而防其未來;事亂君也,救其横流而拯其將亡。故有以諫殺身者矣。益戒舜曰:「罔遊於逸,罔淫於樂。」禹戒舜曰:「無若丹朱傲。」以上智之性而戒之如此,惟舜欲聞之,此事聖君者也。傅説之訓高宗,周公之戒成王,救其微失,防其未來,此事賢君也。商以三仁存,亦以三仁亡,此事亂君者也。人君惟能儆戒於無形,受諫於未然,使忠臣不至於争,則何危亂之有?子曰:君子事上,進思盡忠,玄宗曰:上,謂君也。進見於君,則思盡忠節。○司馬光曰:盡忠以諫諍。退思補過,玄宗曰:君有過失,則思補過。○司馬光曰:掩上之過惡。將順其美,玄宗曰:將,行也。君有美善,則順而行之。○司馬光曰:將,助也。上有美,則助順而成之。匡救其惡,玄宗曰:匡,正也。救,止也。君有過惡,則正而止之。○司馬光曰:上有惡,則正救之。故上下能相親。玄宗曰:下以忠事上,上以義接下。君臣同德,故能相親。○司馬光曰:凡人事上,進則面從,退有後言;上有美不能助而成也,有惡不能救而止也;激君以自高,謗君以自潔,諫以爲身而不爲君也。是以上下相疾,而國家敗矣。《詩》云:

「心乎愛矣，遐不謂矣。中心藏之，何日忘之？」玄宗曰：遐，遠也。義取臣心愛君，雖離左右，不謂爲遠。愛君之志，恒藏心中，無日暫忘也。○司馬光曰：遐，遠也。言臣心愛君，不以君疏遠己而忘其忠。○范祖禹曰：入則父，出則君，父子天性，君臣大倫。以事父之心而事君，則忠矣，故孔子言孝必及於忠，言事君必本於事父。忠孝者，其本一也。未有捨孝而謂之忠，違忠而謂之孝。「進思盡忠，退思補過，將順其美，正救其惡」，此四者，事君之常道也。昔者禹、益、稷、契之事舜也，進則思所以規諫，退則思所以儆戒，頌君之美而不爲諂，防君之惡，如丹朱傲虐，而不爲激。是故君享其安逸，臣預其尊榮，此上下相親之至也。若夫君有大過則諫，諫而不可則去，此豈所欲哉？蓋不得已也。《詩》云：「心乎愛矣，遐不謂矣。中心藏之，何日忘之。」夫君子之愛君，雖在遠猶不忘也，而况於近，可不盡忠益乎？

子曰：孝子之喪親，玄宗曰：生事已畢，死事未見，故發此章。哭不偯，玄宗曰：氣竭而息，聲不委曲。○司馬光曰：偯，聲餘從容也。禮無容，玄宗曰：觸地無容。言不文，玄宗曰：不爲文飾。○司馬光曰：皆內憂，不假外飾。服美不安，玄宗曰：不安美飾，故服衰麻。**聞樂不樂，**玄宗曰：悲哀在心，故不樂也。**食旨不甘，**玄宗曰：旨，美也。不甘美味，故疏食飲水。○司馬光曰：甘，美味也。**此哀戚之情。**玄宗曰：謂上六句。○司馬光曰：此皆民自有之情，非聖人强之。**三日而食，教民無以死傷生，**司馬光曰：禮，三年之喪，三日不食，過三日則傷生矣。**毁不滅性，**司馬光曰：滅性，謂毁極失志，變其常性也。**此聖人之政。**玄宗曰：不食三日，哀毁過情，滅性而死，皆虧孝道，故聖人制禮施教，不令至於殞滅。○司馬光曰：政者，正也。以正義裁制其情。**喪不過三年，示民有終。**玄宗曰：三年之喪，天下達禮，使不肖跂及，賢者俯從。夫孝子有終身之憂，聖人以三年爲制者，使人知有終竟之限也。○司馬光曰：孝子有終身之憂，然而遂之，則是無窮也。故聖人爲之立中制節，以爲子生三年然後免於父母之懷，故以三年爲天下之通喪也。**爲之棺槨、衣衾而舉之；**玄宗曰：周尸爲棺，周棺爲槨。衣，謂斂衣。衾，被也。舉，謂舉尸内於棺也。○司馬光曰：舉者，舉以納諸棺也。**陳其簠簋而哀戚之；**玄宗曰：簠簋，祭器也。陳奠素器而不見親，故哀感也。〇司馬光曰：謂朝夕奠之。擗踊哭泣，哀以送之；玄宗曰：男踊女擗，祖載送之。〇司馬光曰：謂祖載以之墓也。擗，拊心也；踊，躍也。男踊而女擗。卜其宅兆，而安措之；玄宗曰：宅，墓穴也。兆，塋域也。葬事大，故卜之。〇司馬光曰：宅，冢穴也。兆，墓域也。措，置也。爲之宗廟，以鬼享之；玄宗曰：立廟祔祖之後，則以鬼禮享之。〇司馬光曰：送形而往，迎精而返，爲之立主，以存其神。三年喪畢，遷祭於廟，始以鬼禮事之。春秋祭祀，以時思之。玄宗曰：寒暑變移，益用增感，以時祭祀，展其孝思也。〇司馬光曰：言春秋，則包四時矣。孝子感時之變而思親，故皆有祭。生事愛敬，死事哀戚，生民之本盡矣，死生之義備矣，孝子之事親終矣。玄宗曰：「愛敬」「哀戚」，孝行之始終也。備陳死生之義，以盡孝子之情。〇司馬光曰：夫人之所以能勝物者，以其衆也。所以衆者，聖人以禮養之也。夫幼者，非壯則不長；老者，非少則不養；死者，非生則不藏。人之情，莫不愛其親，愛之篤者，莫若父子。故聖人因天之性，順人之情，而利導之，教父以慈，教子以孝，使幼者得長，老者得養，死者得藏。是以民不夭折棄捐，而咸遂其生；日以繁息，而莫能傷。不然，民無爪牙、羽毛以自衛，其殄滅也必爲物先矣。故孝者，生民之本也。○范祖禹曰：古者葬之中野，厚衣之以薪，喪期無數。後世聖人爲之中制，中則欲其可繼也，繼則欲其可久也，措之天下而人共守焉。聖人未嘗有心於其間，此法之所以不廢也。是故苴衰之服、饘粥之食、顔色之戚、哭泣之哀，皆出於人情，不安於彼，而安於此，非聖人强之也。三日而食，三年而除，上取象於天，下取法於地；不以死傷生，毁不滅性，此因人情而爲之節者也。死者，人之大變也。爲之棺椁者，爲使人勿惡也；擗踊哭泣，爲使人勿背也；措之宅兆，爲使人勿褻也；春秋祭祀，爲使人勿忘也。情文盡於此矣，所以常久而不廢也。夫有生者必有死，有始者必有終，生事之以禮，死葬之以禮，祭之以禮，則可謂孝矣。事死如事生，事亡如事存者，孝之至也。

孝經刊誤

【宋】朱熹　撰
張恩標　點校

點校説明

《孝經刊誤》一卷，宋朱熹撰。熹（一一三〇——一二〇〇）字元晦，一字仲晦，晚號晦菴，學者稱晦菴先生。徽州婺源人，後徙建陽之考亭。紹興十八年（一一四八）登進士第。官至焕章閣待制。卒謚曰文，贈太師，封徽國公。著有《四書章句集注》《周易本義》等書。《宋史·藝文志》著録爲「《刊誤》一卷」。《孝經刊誤》一書，是朱熹主管華州雲臺觀時所作，取古文《孝經》分爲經一章、傳十四章，删舊文二百二十三字。此書影響極大，朱彝尊云：「自漢以來注疏家莫能删削經文隻字者，删之自朱子《孝經刊誤》始也。」後世對《孝經》的研究多以此本爲基礎，如朱申注《文公所定古文孝經》、董鼎《孝經大義》、吴澄《孝經定本》等。《孝經刊誤》的版本較多，如康熙中重刊白鹿洞原刻《朱子遺書》本、乾隆《四庫全書》本、道咸間刻《大梁書院經解》本、道光刻《今古文孝經彙刻》本、《榕園叢書》甲集本等，其中《榕園叢書》本底本來自《大梁書院經解》本。今以

《朱子遺書》本爲底本，《四庫全書》本、《大梁書院經解》本、《今古文孝經彙刻》本作參校。二〇一〇年上海古籍出版社出版《朱子全書》已收《孝經刊誤》，此次點校亦作參考。末附《四庫全書》本書前提要。

孝經刊誤古今文有不同者，別見《考異》。

宋　朱熹　著

仲尼閒居，曾子侍坐。子曰：「參，先王有至德要道，以順天下，民用和睦，上下無怨。汝知之乎？」曾子避席曰：「參不敏，何足以知之？」子曰：「夫孝，德之本也，教之所由生。復坐，吾語汝。身體髮膚，受之父母，不敢毀傷，孝之始也。立身行道，揚名於後世，以顯父母，孝之終也。夫孝，始於事親，中於事君，終於立身。《大雅》云：『無念爾祖，聿修厥德。』」子曰：「愛親者，不敢惡於人；敬親者，不敢慢於人。愛敬盡於事親，而德教加於百姓，刑於四海。蓋天子之孝。《甫刑》云：『一人有慶，兆民賴之。』在上不驕，高而不危；

制節謹度，滿而不溢。高而不危，所以長守貴；滿而不溢，所以長守富。富貴不離其身，然後能保其社稷，而和其民人。蓋諸侯之孝。《詩》云：『戰戰兢兢，如臨深淵，如履薄冰。』非先王之法服不敢服，非先王之法言不敢道，非先王之德行不敢行。是故非法不言，非道不行；口無擇言，身無擇行；言滿天下無口過，行滿天下無怨惡。三者備矣，然後能守其宗廟。蓋卿大夫之孝也。《詩》云：『夙夜匪懈，以事一人。』資於事父以事母，而愛同；資於事父以事君，而敬同。故母取其愛，而君取其敬，兼之者，父也。故以孝事君則忠，以敬事長則順。忠順不失，以事其上，然後能保其爵禄，而守其祭祀。蓋士之孝也。《詩》云：『夙興夜寐，無忝爾所生。』」子曰：「用天之道，因地之利，謹身節用，以養父母。此庶人之孝也。故自天子以下至於庶人，孝無終始，而患不及者，未之有也。」

此一節，夫子、曾子問答之言，而曾氏門人之所記也。疑所謂《孝經》者，其本文止如此，其下則或者雜引傳記以釋經文，乃《孝經》之傳也。竊嘗考之，傳文固多傅會，而經文亦不免有離析增加之失。顧自漢以來，諸儒傳誦，莫覺其非，至或以爲孔子之所自著，則又可笑之尤者。蓋經之首，統論孝之終始，中乃敷陳天子、諸侯、卿大夫、士、庶人之孝，而其末結之曰：「故自天子以下至於庶人，孝無終始，而患不及者，未之有也。」其首尾相應，次第相承，文勢連屬，脉絡通貫，同是一時之言，無可疑者。而後人妄分以爲六、七章，今文作六章，古文作七章。又增「子曰」及引《詩》《書》之文以雜乎其間，使其文意分斷間隔，而讀者不復得見聖言全體大義，爲害不細。故今定此六、七章者合爲一章，而删去「子曰」者二、引《書》者一、引《詩》者四，凡六十一字，以復經文之舊。其傳文之失，又别論之如左方。

曾子曰：「甚哉，孝之大也！」子曰：「夫孝，天之經，地之義，民之行。天地之經，而民是則之。則天之明，因地之義，以順天下，是以其教不肅而成，其政不嚴而治。先王見教之可以化民也，是故先之以博愛，而民莫遺其親；陳之以德義，而民興行；先之以敬讓，而民不爭；導之以禮樂，而民和睦；示之以好惡，而民知禁。《詩》云：『赫赫師尹，民具爾瞻。』」

此以下皆傳文。而此一節蓋釋「以順天下」之意，當爲傳之三章，而今失其次矣。但自其章首以至「因地之義」，皆是《春秋左氏傳》所載子太叔爲趙簡子道子產之言，惟易「禮」字爲「孝」字，而文勢反不若彼之通貫，條目反不若彼之完備。明此襲彼，非彼取此，無疑也。子產曰：「夫禮，天之經，地之義，民之行也。天地之經，而民實則之。則天之明，因地之性。」其下便陳天明、地性之目，與其所以則之、因之之實，然後簡子贊之曰：「甚哉，禮之大也！」首尾通貫，節目詳備，與此不同。其曰「先王見教之可以化民」，又與上文不相屬，故温公改「教」爲「孝」，乃得粗通。而下文所謂「德義」「敬讓」「禮樂」「好惡」者却不相應，疑亦裂取他書之成文而强加裝綴，以爲孔子、曾子之問答，但未見其所出耳。然其前段，文雖非是而理猶可通，存之無害。至於後段，則文既可疑，而謂聖人見孝可以化民而後以身先之，於理又已悖矣。況「先之以博愛」，亦非立愛惟親之序，若之何而能使民不遺其親耶？其所引《詩》亦不親切。今定「先王見教」以下凡六十九字並刪去。

子曰：「昔者明王之以孝治天下也，不敢遺小國之臣，而況於公、侯、伯、子、男乎？故得萬國之懽心，以事其先王。治國者，不敢侮於鰥寡，而況於士民乎？故得百姓之懽心，以事其先君。治家者，不敢失於臣妾，而況於妻子乎？故得人之懽心，以事其親。夫然，故生則親安之，祭則鬼享之。是以天下和平，災害不生，禍亂不作。故明王之以孝治天下如此。《詩》云：『有覺德行，四國順之。』」

此一節釋「民用和睦，上下無怨」之意，爲傳之四章。其言雖善，而亦非經文之正意。蓋經以孝而和，此以和而孝也。引《詩》亦無甚失，且其下文語已更端，無所隔礙，故今且得仍舊耳。後不言合删改者放此。

曾子曰：「敢問聖人之德，其無以加於孝乎？」子曰：「天地之性，人爲貴。人之行，莫大於孝。孝莫大於嚴父，嚴父莫大於配天，則周公其人也。昔者周公郊祀后稷以配天，宗祀文王於明堂以配上帝。是以四海之内,各以其職來助祭。夫聖人之德,又何以加於孝乎?故親生之膝下,以養父母日嚴。聖人因嚴以教敬,因親以教愛。聖人之教不肅而成,其政不嚴而治,其所因者本也。」

此一節釋「孝,德之本」之意,傳之五章也。但嚴父配天,本因論武王、周公之事而贊美其孝之詞,非謂凡爲孝者皆欲如此也。又況孝之所以爲大者,本自有親切處,而非此之謂乎!若必如此而後爲孝,則是使爲人臣子者,皆有今將之心,而反陷於大不孝矣。作傳者但見其論孝之大,即以附此,而不知其非所以爲天下之通訓。讀者詳之,不以文害意焉可也。其曰「故親生之膝下」以下,意却親切,但與上文不屬,而與下章相近,故今文連下二章爲一章。但下章之首語已更端,意亦重複,不當通爲一章。此語當依古文,且附上章,或自别爲一章可也。

子曰:「父子之道,天性,君臣之義。父母生之,續莫大焉。君親臨之,厚莫重焉。」子曰:「不愛其親而愛他人者,謂之悖德;不敬其親而敬他人者,謂之悖禮。以順則逆,民無則焉。不在於善,皆在於凶德，雖得之，君子所不貴。君子則不然，言斯可道，行斯可樂，德義可尊，作事可法，容止可觀，進退可度，以臨其民。是以其民畏而愛之，則而象之。故能成其德教，而行政令。《詩》云：『淑人君子，其儀不忒。』」

此一節釋「教之所由生」之意，傳之六章也。古文析「不愛其親」以下別爲一章，而各冠以「子曰」。今文則合之，而又通上章爲一章，無此二「子曰」字，而於「不愛其親」之上加「故」字。今詳此章之首，語實更端，當以古文爲正。「不愛其親」語意正與上文相續，當以今文爲正。至「君臣之義」之下，則又當有脱簡焉，今不能知其爲何字也。「悖禮」以上皆格言，但「以順則逆」以下，則又雜取《左傳》所載季文子、北宫文子之言，與此上文既不相應，而彼此得失又如前章所論子產之語，今删去凡九十字。季文子曰：「以訓則昏，民無則焉。不度於善，而皆在於凶德，是以去之。」北宫文子曰：「君子在位可畏，施舍可愛，進退可度，周旋可則，容止可觀，作事可法，德行可象，聲氣可樂，動作有文，言語有章，以臨其下。」

子曰："孝子之事親，居則致其敬，養則致其樂，病則致其憂，喪則致其哀，祭則致其嚴。五者備矣，然後能事親。事親者，居上不驕，爲下不亂，在醜不爭。居上而驕則亡，爲下而亂則刑，在醜而爭則兵。此三者不除，雖日用三牲之養，猶爲不孝也。"

此一節釋"始於事親"及"不敢毁傷"之意，乃傳之七章，亦格言也。

子曰："五刑之屬三千，而罪莫大於不孝。要君者無上，非聖人者無法，非孝者無親。此大亂之道也。"

此一節因上文"不孝"之云而繫於此，乃傳之八章，亦格言也。

子曰："教民親愛，莫善於孝；教民禮順，莫善於弟；移風易俗，莫善於樂；安上治民，莫善於禮。禮者，敬而已矣。故敬其父，則子悦；敬其兄，則弟悦；敬其君，則臣悦；敬一人，而千萬人悦。所敬者寡而悦者衆，此之謂要道。"

此一節釋「要道」之意，當爲傳之二章。但經所謂「要道」，當自己而推之，與此亦不同也。

子曰：「君子之教以孝也，非家至而日見之也。教以孝，所以敬天下之爲人父者；教以悌，所以敬天下之爲人兄者；教以臣，所以敬天下之爲人君者。《詩》云：『愷悌君子，民之父母。』非至德，其孰能順民如此其大者乎？」

此一節釋「至德」「以順天下」之意，當爲傳之首章。然所論至德，語意亦疏，如上章之失云。

子曰：「昔者明王事父孝，故事天明；事母孝，故事地察；長幼順，故上下治。天地明察，神明彰矣。故雖天子，必有尊也，言有父也；必有先也，言有兄也；宗廟至敬，不忘親也；修身慎行，恐辱先也。宗廟致敬，鬼神著矣。孝悌之至，通於神明，光於四海，無所不通。《詩》云：『自西自東，自南自北，無思不服。』」

此一節釋「天子之孝」，有格言焉，當爲傳之十章。或云宜爲十二章。

子曰：「君子之事親孝，故忠可移於君；事兄悌，故順可移於長；居家理，故治可移於官。是故行成於内，而名立於後世矣。」

此一節釋「立身揚名」及「士之孝」，傳之十一章也。或云宜爲九章。

子曰：「閨門之内，具禮矣乎！嚴父嚴兄。妻子臣妾，猶百姓徒役也。」

此一節因上章三「可移」而言，傳之十二章也。嚴父，孝也；嚴兄，悌也；妻子臣妾，官也。或云宜爲十章。

曾子曰：「若夫慈愛恭敬，安親揚名，參聞命矣。敢問從父之令，可謂孝乎？」子曰：「是何言與？是何言與？昔者天子有争臣七人，雖無道，不失其天下；諸侯有争臣五人，雖無道，不失其國；大夫有争臣三人，雖無道，不失其家；士有争友，則身不離於令名；父有争子，則身不陷於不義。故當不義，則子不可以弗争於父，臣不可以弗争於君。故當不義則争之。從父之令，又焉得爲孝乎？」

此不解經而别發一義，宜爲傳之十三章。

子曰：「君子事上，進思盡忠，退思補過，將順其美，匡救其惡，故上下能相親。《詩》曰：『心乎愛矣，遐不謂矣。中心藏之，何日忘之？』」

此一節釋「中〔二〕於事君」之意，當爲傳之九章，或云宜爲十一章。因上章「争臣」而誤屬於此耳。「進思盡忠，退思補過」，亦《左傳》所載士貞子語，然於文理無害，引《詩》亦足以發明移孝事君之意，今並存之。

子曰：「孝子之喪親，哭不偯，禮無容，言不文，服美不安，聞樂

〔二〕「中」原作「忠」，據《今古文孝經彙刻》本改。

不樂,食旨不甘,此哀戚之情。三日而食,教民無以死傷生,毀不滅性,此聖人之政。喪不過三年,示民有終。爲之棺槨、衣衾而舉之;陳其簠簋而哀戚之;擗踊哭泣,哀以送之;卜其宅兆,而安措之;爲之宗廟,以鬼享之;春秋祭祀,以時思之。生事愛敬,死事哀戚,生民之本盡矣,死生之義備矣,孝子之事親終矣。」

傳之十四章,亦不解經,而别發一義,其語尤精約也。

熹舊見衡山胡侍郎《論語説》，疑《孝經》引《詩》非經本文，初甚駭焉，徐而察之，始悟胡公之言爲信，而《孝經》之可疑者，不但此也。因以書質之沙隨程可久丈，程答書曰：「頃見玉山汪端明亦以爲此書多出後人傅會。」於是乃知前輩讀書精審，其論固已及此。又竊自幸有所因述，而得免於鑿空妄言之罪也。因欲掇取他書之言可發此經之旨者，別爲外傳，如冬温夏凊、昏定晨省之類，即附「始於事親」之傳。顧未敢耳。淳熙丙午八月十二日記。

《孔叢子》亦僞書，而多用《左氏》語者。但《孝經》相傳已久，蓋出於漢初《左氏》未盛行之時，不知何世何人爲之也。《孔叢子》叙事至東漢，然其詞氣甚卑近，亦非東漢人作。所載孔臧兄弟往還書疏，正類《西京雜記》中僞造漢人文章，《西京雜記》之繆，《匡衡傳》注中顔氏已辨之，可考。皆甚可笑。所言「不肯爲三公」等事，以前書考之，亦無其實，而《通鑒》皆誤信之。其他此類不一。欲作一書論之而未暇也，姑記於此云。

附《孝經刊誤》四庫提要

臣等謹按：《孝經刊誤》一卷，宋朱子撰。書成於淳熙十三年，朱子年五十七，主管華州雲臺觀時作也。取古文《孝經》分爲經一章、傳十四章，删舊文二百二十三字。後有自記曰「熹舊見衡山胡侍郎《論語説》，案：胡宏，高宗時爲禮部侍郎，居衡州，故曰衡山，所著有《五峯論語指南》一卷。疑《孝經》引《詩》非經本文。初甚駭焉，徐而察之，始悟胡公之言爲信，而《孝經》之可疑者，不但此也。因以書質之沙隨程可久丈，案：可久，程迥之字也。程答書曰：『頃見玉山汪端明案：汪應辰，孝宗時爲端明殿學士。亦以此書多出後人附會。』於是乃知前輩讀書精審，其論固已及此。竊幸有所因述，而得免於鑿空妄言之罪」云云。今以《朱子語録》考之，黄畲記云：「《孝經》除了後人所添前面『子曰』及後面引《詩》，便有首尾。」又云：「『以順則逆，民無則焉』，是季文子之詞；『言斯可道，行斯可樂』一段，是北宫文子論令尹之威儀，在《左傳》中自有首尾。載入《孝經》都不接續，全無意思。」又葉賀孫記云：「古文《孝經》有不似今文順者，如『父母生之，續莫大焉』，又著一个『子曰』字，方説『不愛其親而愛他人者，謂之悖德』，此本是一段，以『子曰』分爲二，恐不是。」又輔廣記云：「『孝莫大于嚴父，嚴父莫大于配天』，豈不害理？如此則須是如武王、周公方能盡孝道，尋常人都無分，豈不啓人僭亂之心？」是朱子詆毁此書，已非一日，特不欲自居于改經，故托之胡宏、汪應辰耳。歐陽修《詩本義》曰：「删《詩》云者，非止全篇删去也，或篇删其章，或章删其句，或句删其字。」引《唐棣》《君子偕老》《節南山》三詩爲證。朱子蓋陰用是例也。陳振孫《書録解題》載此書，注其下曰：「抱遺經於千載之後，而能卓然悟疑辨惑，非豪傑特起獨立之士，何以及此？此後學所不敢仿效，而亦不敢擬議也。」斯言允矣。南宋以後，作注者多用此本。故今特著於録，見諸儒淵源之所自與門户之所以分焉。乾隆四十六年十月恭校上。

總纂官臣紀昀　臣陸錫熊　臣孫士毅

總校官臣陸費墀

孝經説

【宋】項安世　撰
張恩標　點校

點校説明

《孝經説》一卷，宋項安世撰。安世（一一二九—一二一三）字平甫，號平庵。其先括蒼（今浙江麗水）人，後家江陵（今湖北荆州）。淳熙二年（一一七五）進士，中教官，得紹興府教授。居紹興時，與朱熹有交往。紹熙四年（一一九三），除秘書省正字。五年，遷校書郎。慶元元年（一一九五），出爲池州通判。三年因「坐黨籍」罷官隱居，纂輯經史子傳疑難，著爲《項氏家説》。開禧二年（一二〇六），詔安世爲朝奉郎，知鄂州，後除户部員外郎、湖廣總領。三年，因解「德安之圍」陞太府卿。嘉定六年卒。《宋史》卷三百九十七有傳。

項安世著有《周易玩辭》《平庵悔稿》《項氏家説》等書。《項氏家説》十卷附録四卷，據《直齋書録解題》，所附録者爲《孝經》《中庸》《詩篇次》《丘乘圖》四種，又别出《孝經説》一卷、《中庸説》一卷。《四庫全書總目》云：「自明初以來，其本久佚，今惟散見《永樂大典》各韻内。」今本《項氏家説》十卷附録二卷即四庫館臣從《永樂大典》中所輯，卷一、卷二爲《易説》，卷三《書説》，卷四《詩説》，卷五《周禮》，卷六《禮記》，卷七《論語》《孟子》，以上爲

《説經篇》；卷八、九、十則先《説事篇》，次《説政篇》《説學篇》；附録二卷爲《孝經説》一卷、《中庸臆説》一卷。輯本最先被收入《武英殿聚珍本叢書》和《四庫全書》，但聚珍本無附録二卷，至光緒年間福建翻刻本增加了附録二卷，廣東廣雅書局據福建本翻刻，故亦有此附録二卷。《湖北先正遺書》本則據外聚珍本影印，《括蒼叢書》本、《叢書集成初編》本皆據外聚珍本排印。本次點校以福建外聚珍本爲底本，以文淵閣《四庫全書》本爲參校本，其他各本亦作參考。

孝經説

宋　項安世　撰

古文以《至德章》後，次以《感應章》，次《揚名章》，次《閨門章》，次《諫争章》，次《事君章》，次《喪親章》。按《感應》接《至德章》後，《閨門》接《揚名章》後，《事君》接《諫争章》後，文義皆貫，則古文近是，今從之。

章次之義，五孝備矣。然後《三才》《孝治》《聖治》分別在上者之孝，《事親》《五刑》分别在下者之孝，《要道》《至德》《感應》〔一〕復推演在上者之孝，《揚名》《閨門》《諫争》《事君》復推演在下者之孝，而以《喪親》終焉。

〔一〕「感應」原作「應感」，據《四庫全書》本改。

開宗明義章

仁義禮智,禮樂之實,皆起于事親從兄,故爲德之本。因親以教愛,因嚴以教敬,是以其教不肅而成,故爲教之所由生。在己爲德,率人爲教。

自事親言之,始于愛其體,終于行道顯名,自粗而至精也。自行道言之,始于家,中于國,終于名立于後世,自近而至遠也。「始于事親」,但言温凊定省之屬;「中于事君」,猶是指忠言之;「終于立身」,身則無所不備矣。五常百行,無非孝也,此孝之大成也。

「夫孝,始于事親,中于事君,終于立身」,學者多疑之,此蓋以歲月論也。事親之日,起于膝下,故稱始焉;事君者,自强而仕,至老而傳,故稱中焉;至于身,則死而後已,故稱終焉:此三者皆孝也。明人之孝,不以親之在亡爲斷也。

天子章

天子之孝,當保四海。「愛親者」「敬親者」,即下文「愛敬盡于事親」也。「不敢惡于人」「不敢慢于人」,即下文「德教加于百姓,刑于四海」也。「刑」與「形」通,著之義也。《孟子》「齊宣王易牛」章意與此同，「言舉斯心加諸彼而已」。

諸侯章

諸侯之孝，在能保其國。國者，祖先之世守也，驕溢則亡之矣。諸侯生而有國，專地與民，易于犯上，觀漢諸侯王傳可見，故專以驕溢戒之。

「富貴不離其身，然後能保其社稷，而和其民人」，能保身，然後神有所依，民有所仰。不然身且不可保，土與民安得而有之？此甚言驕溢之禍可畏也，故以「戰戰兢兢」明之。「保」者，保而有之；「和」者，合而附之。

卿大夫章　士章　庶人章

「非法不言，非道不行」，《中庸》曰：「動而世爲天下道，言而世爲天下法。」循道而行，在人則爲德，故曰：「非先王之德行不敢行。」又曰：「非道不行。」大臣，民之表也。衣服不貳，出言有章，行歸于周，三者皆民所望也。小臣，事人者也，故專論事父、事母、事君、事長之道。庶人，則養而已。

天子之「不敢慢」「不敢惡」，諸侯之「戰戰兢兢」，卿大夫之「夙夜匪懈」，士之「夙興夜寐」，庶人之「謹身節用」，雖行事不同，其操心一也。《孝治章》論治天下、治國、治家，亦皆以「不敢」爲言。

三才章

「夫孝，天之經也，地之義也，民之行也」，孝者，順德之名。日月星辰順乎天，百穀草木順乎地，人順乎父母。「經」者，常度；「義」者，物宜。猶曰天文地理云爾。「天之明」「地之利」，言循經與義之效也。天文不順，則失其明；地理不順，則失其利也。

「天地之經，而民是則之」，「則之」爲言順其常而行之也，非謂法天地之經以爲斯民之孝也。孝自是民之常性，非有所象而爲之也。

「嚴」「肅」之義固同，就二者分之，「肅」爲輕于「嚴」也。肅主于情，嚴主于事。肅有竦飭之義，故于教言之；嚴有恐迫之義，故于政言之。辭嚴而氣厲，教之肅也；令急而法重，政之嚴也。

「先之以博愛」，保惠之也；「陳之以德義」，訓告之也；「先之以敬讓」，身率之也。此「先」字與上文「先」字不同，上文是先務之先，此是率先之先。「導之以禮樂」，則立爲教條矣；「示之以好惡」，則刑政行焉。此先王治天下之序也。「先之以博愛，而民莫遺其親」，生養之道足，則情義厚也。

聖治章

天生萬物，以人爲貴；人有百行，以孝爲先。事父、事母皆孝也，而比之母，則父爲尊，故莫大于嚴父。自天子至于庶人皆嚴父也。而其生也以天下養，其死也尊以配天，則惟天子然後得極其大焉，故莫大于配天也。

聖賢之言有爲經生所汩亂者，如《孝經》周公「嚴父」之説所繫最大，不可不辯也。夫所謂「嚴父」者，不獨謂生己者也。自父以上曰王父、曰曾祖王父、曰高祖王父，皆父也。祖者，始也；王者，大也，言始初最大之父也。雖上而百世之祖，亦猶曰百世之大父云爾。凡父之所從生與父之所同生，皆父道也。若止取生己者爲嚴父之祭，則成王止應以武王配天，不應以后稷配天、文王配帝也。後儒不明其説，遂至配天之際，每世一變，以爲凡爲人子者，皆當自嚴其生己之父，使侑天者無常主，作主者無常位，黷天慢祖，莫大乎是。是則經生讀經，不攷下文之罪也。又所謂周公者，特言是禮定于周公之手。以爲姬之受姓自后稷始，猶天之始萬物也，故推以配天；周之王天下自文王始，猶上帝之宰百神也，故推以配上帝。是二主者，皆周家之大父也。配主一定，三十七王八百餘年遵而用之，無敢易也。豈有三十七主皆得配天之理？周公蓋以當國大臣，爲其國家定郊廟之禮者爾。烏有己爲大臣，而得自嚴其生己之父以配上帝者哉？此説之至不通者。而由《孝經》以來千五百年，莫有明其説者，遂至以聖人之言，爲黷天慢祖之據。經生以辭害意之罪一至于此，可勝嘆哉？

「則周公其人也」，周公蓋成武王之意而已，然武王未受命而周公行之，故孔子言孝，必以周公與武王竝言之。蓋配天之禮、助祭之儀，皆至周公制作始備，而天子之所以嚴其父者，于是爲不可加矣。親萌于膝下之時，嚴滋于日長之際，二者聖人因之，愛敬之教所由興也。故「親生之膝下」，愛之本也；「以養父母日嚴」，敬之本也。「父子之道，天性也」，此愛之所以不可割也；「君臣之義也」，此敬之所以不可簡也。「父母生之，續莫大焉」，人子之髮膚，即父母之傳體，天下之相續者，未有親于此者也。夫如是，安得不愛？「君親臨之，厚莫重焉」，國積尊而極于君，家積尊而極于親，天下之相臨者，未有重于此者也。夫如是，安得不敬？以上三節，皆反覆推明愛敬之理，以見教之本于順人，而人之不可以逆此也。「以順則逆，民無則焉。不在于善，而皆在于凶德，雖得之，君子不貴也」，此爲愛敬他人者言也。將以爲順，而實則凶；自以爲得，而其失甚大。再三言之，甚明其不可也。先親而後人，言之順也；自親而及人，行之順也。言順則可宣于口，故可道；行順則合于人心，故可樂。自是推之，無所往而不順焉。積之爲德義，散之爲行事，望其容止之狀，察其進退之儀，皆順道也，皆吉德也。一動容，一舉足，無有逆于道者，非天下之至孝，其孰能與于此？「可尊」言其意象，「可法」言其事跡，「可觀」〔一〕「可度」之别亦然。德

〔一〕「觀」原作「親」，據《四庫全書》本改。

義、作事、容止、進退四者,即言行之目也,故獨于言行用兩「思」字。惟其所發不苟,故其所著見者無不善也。古文「思」皆作「斯」,亦不可苟之意也。畏而愛之,其心也;則而象之,其跡也。德教道之也,政令齊之也。博愛、敬讓、德義,皆德教也;禮樂、好惡,皆政令也。「畏而愛之」,畏之在初,愛之在久,君子之爲政皆然。畏生於嚴,愛生于親,皆出于孝也。「則而象之」,「則」猶擬度也,「象」猶倣傚也,擬度其人而倣傚其事,故能成其德教,而行其政令。身不行道,則雖教之而不成,令之而不行也。宋景文公曰:「郊曰天,配以祖,遠而敬之也;明堂曰帝,配以父,近而親之也。」此説得之。

事親章

「居上不驕」,君道也;「爲下不亂」,臣道也;「在醜夷不争」,兄弟朋友之道也。前五者,止施于父母之身;此三者,通于天下國家矣。此三者不除,雖能備前五者,不足以爲孝也。聖人之教人,皆欲其廣而充之,故每進愈深。孔、孟之言大率如此。

「五者備」,謂之能事親,未足以盡孝子之名也;必除後三者,而後足以爲孝。觀辭意便可見也。

聖人教人，常自小而至大，然此但教人之法耳。若聖人行之，則雖小節而大在其中。且如「居則致其敬」，能致其敬，則豈復有驕争悖亂之事？如「養則致其樂」，能致其樂，則豈復有危亡兵刑之憂？若在聖人行之，則止用一字，而天下之善備矣。至于教人，則不然。且教之以敬其父母而不敢慢，娱其父母而使之樂，然後引而伸之，使之推事親之敬以至于統臣妾、統百姓、統萬國，無往而不致其敬；推養親之樂以至于保四海、保社稷、保宗廟，無往而不致其樂。此一章之内所以有五者、三者之序也。

「五者備矣」，皆人子之善行也；「三者不除」，皆人子之惡行也。

五刑章

「罪莫大于不孝」，陳法以禁之也；「此大亂之道也」，明理以諭之也。「非聖人」「非孝」之「非」，語意與「非先王之法言」「非堯舜之道」同。先儒作「非毁之」，未通。

廣要道章　廣至德章

言孝悌、禮樂皆歸于禮者。自其德言之，謂之孝悌；自其事言之，謂之禮樂。循而行之之謂禮，行而樂之之謂樂。觀《孟子》「事親從兄」章可見。

孝主于愛，而《要道》《至德》二章皆主敬。爲言者敬，則愛心存；不敬，則愛心亡。敬者，行孝之綱領也。顔淵問仁，仁主于愛而其目皆曰禮，即是此意。使天下之臣子弟皆樂其道，謂之「要道」；使天下之君父兄皆被其德，謂之「至德」。「要道」言其操術之約，「至德」言其流化之妙。「要」言其發端，「至」言其極效也。

感應章

天遠故言「明」，地近故言「察」。《易》言「觀天文」「察地理」，《孟子》言「明庶物」「察人倫」，用字與此皆同。

聖人之事天，命德討罪，勑典秩禮，皆有以合其心者，敬之而已。故知事父，則知事天。聖人之事地，山川丘陵，草木鳥獸，皆有以成其順者，愛之而已。故知事母，則知事地。「明」「察」「彰」「著」四字，當用司馬文正公説。

「故事天明」「故事地察」「故上下治」凡三條而結以「天地」兩條，不言「上下」條者，猶「有尊」「有先」「宗廟」「修身」凡四條而結以「宗廟」一條，不言餘條也。蓋能其所難，則易者在其中矣。「法服」「法言」「德行」三條，結以「言」「行」，不及「法服」者，亦此意也。「必有尊也」「必有先也」，明皇以爲「諸父」「諸兄」，是也，此兩條明上文「長幼順」之義。「不忘親也」「恐辱先也」，此所以申上文「事父」「事母」之義。「鬼神著矣」，此亦申上文「神明彰矣」之義。凡此皆上言其大意，此言其事目也。自此以下，復總結其意而極言之：其曰「孝悌之至」，則總父母、長幼言之也；其曰「通于神明」，則總天地、宗廟言之也；其曰「光于四海」，則併舉「上下治」而言之也。

孝、悌雖是二事，其寔祗是一理。《書》曰：「惟孝友于兄弟。」未有愛其親，而不愛其親之子者也。故經文或併列長幼而止結父母，或專言父母而忽及長幼，凡以明其理之一也。「明」「察」「順」「治」之下，止結以「明察」二字；「尊」「先」「敬」「謹」〔一〕之下，止結以「致

〔一〕「謹」疑當作「慎」字。

敬」一條，皆並列長幼而止結父母也。「資父愛敬」之下，忽以「孝」對「敬」，「君子之教以孝」以下，忽以「臣」與「悌」參言之，皆專言父母而忽及長幼也。

諫争章

「慈愛恭敬」，《疏》云：「愛出于内，慈爲愛體；敬生于心，恭爲敬貌。」文義頗精。「忠告而善道之，不可則止」，争友之説也。「事父母幾諫，見志不從，又敬不違，勞而不怨」，争子之法也。争臣之義，有親疏小大之異。

事君章

反復《事君》一章，憂思懇惻之意惓惓如此。此所謂以孝移忠者歟！惟孔孟之心爲能盡之，此其所以居亂世、事闇君而不害也。

喪親章

《孝經》文體，其發端結趨、創問置答，皆與《小戴禮·禮運》《燕居》《閒居》《哀公問》《儒行》等篇相類，孔子家語乃專用此格成書。雖其中多聖賢格言，然其出也必在孔門七十子之後，鄒魯諸儒記誦師説，言孝言禮，各以其類，薈萃成篇。恐人之不尊也，故每篇皆假設夫子與人問答，以貫穿之，必使衆説羣義同出于一口之中、一人之問。其有辭義太遠者，則别爲問端，必使上承前説，下起後義，如文士作文之法而後已。如《諫争章》所謂「若夫慈愛、恭敬、安親、揚名，則聞命矣。敢問子從父之令，可謂孝乎？」此其上承下接、牽合粘綴最爲明白者。至于終篇，復結之曰：「生民之本盡矣，死生之義備矣，孝子之事親終矣。」則又若問答之初，先已默定爲破題、原題、講腹、結尾之成模而後言之者。此一格必近下諸儒所撰，不若《緇衣》《表記》等篇，彙載聖言，各出子曰，既不失當時之實，而又不妨次第其説〔一〕，使淺深先後，以序相承也。《論語》與《家語》之異，蓋亦如此。非謂《家語》皆非聖人之言也，但其論載無法，反以

〔一〕「説」《四庫全書》本作「法」。

雜亂聖言爲可惜耳。大概戰國諸生所著之書,其體皆然。如《素問》之書,本自精奥,而必假之黄帝、岐伯之問答;《六韜》言兵具亦爲詳實,而以爲一一盡出于武王之問、太公之對,則陋矣。

鄭氏《孝經》以先王爲大禹,公羊氏《春秋》以王者爲文王,漢儒之泥往往類此。

明皇序「親譽」二字,蓋用「其上不知有之,其次親之譽之」。「劉炫明安國之本」,謂古文《孝經》二十二章也。「陸澄譏康成之注」,謂今文《孝經》十八章也。劉炫,隋人;陸澄,晉人。「分注錯經」,即杜預《左氏傳序》所謂「分經之年與傳之年相附」也。古者經各爲一書,不相錯雜。「寫之琬琰」,謂《石臺孝經》也。

孝經大義

【元】董鼎 撰
張恩標 點校

點校説明

《孝經大義》一卷，元董鼎撰。鼎（約一二五五—一三二五）字季亨，别號深山，鄱陽人。受業於黄幹，得朱子遺緒。著《尚書輯録纂注》，吴澄極稱之。另《孝經大義》一書，在明代被朱鴻收入《孝經總類》，江元祚亦收入《孝經大全》。然《孝經大全》本爲江元祚删定，已非舊貌。清代刻本中以康熙刻《通志堂經解》本爲最早，後又有《四庫全書》本、道光刻《今古文孝經彙刻》本。《四庫全書》本卷首無目録，《孝經總類》本雖有卷前目録，然正文多有脱漏，《今古文孝經彙刻》本卷首既無目録，正文又多删節，非爲足本。今以康熙刻《通志堂經解》本爲底本，以《孝經總類》本爲校本，《四庫全書》本、《今古文孝經彙刻》本亦作參校。又，《四庫全書》本《孝經大義》書前提要以及《孝經總類》本朱鴻識語皆以附録形式置於文末，以便於讀者了解其書之内容大旨與版本流傳。

孝經大義序

孔門之學，惟曾氏得其宗。曾氏之書有二：曰《大學》，曰《孝經》。經傳章句，頗亦相似。學以《大學》爲本，行以《孝經》爲先，自天子至庶人，一也。《堯典》一篇，《大學》《孝經》之準也。自「克明峻德」以至「親睦九族」，極而「百姓」之「昭明」、「萬邦」之「於變」，《大學》之序也。孝之爲道，蓋已具於「親睦九族」之中矣。何也？一本故也。自是舜以克孝而徽五典，禹以致孝而叙彝倫，伊尹述成湯之德，一則曰「立愛惟親」，二則曰「奉先思孝」，人紀之修，孰大乎是？文、武、周公帥是而行，備見於《記》《禮》所載。上而宗廟之享，下而子孫之保，其爲孝蔑有加焉。功化之盛，至使四海之内人人親其親、長其長，一鱗毛、一芽甲之微，無不得所。嗚呼！二帝三王之教，可謂大矣！《孝經》一書，即其遺法也。世入春秋，皇綱解紐，孔子傷之，三復「昔者明王孝治」之言，思之深、望之切矣。誠使天子公卿躬行於上，凡禮樂刑政之具，壹是以孝爲本，則斯道也，固天性之自然、人心之固有，一轉移間王道顧不易易乎？惜也徒託之空言，而僅見於門人記録之書也。書存而道可舉，雖不能行之一時，猶可詔之來世。

今此經之可考者，不過《漢·藝文志》而已，而其篇次則顏注古文二十二章，孔壁所藏本也；今文一十八章，河間王所得顏芝本而劉向之所參較者也。要之，出於諸儒傅會，皆非曾氏門人所記舊文矣。唐玄宗開元勅議，意非不美，而司馬貞淺學陋識，并以《閨門》一章去之，卒啓玄宗無禮無度之禍。而其所製序文，至以禮爲外飾之所資，仁義爲後來之漸有，不知所謂因心之孝者，果何所因，而又何自而萌乎！學之不講，德之不修，一至於此。

桓桓〔一〕文公，特起南夏，平生精力，用工《易》《四書》爲多，至此書則僅成《刊誤》一編，注釋大義，猶有所未及。噫！人子不可斯須忘孝，則此經爲天子至庶人一日不可無之書。章句已明，而文義猶闕，顧非一大欠事乎？蓋嘗有志彙集諸家傳注，以明一經而未果。一日，余友胡庭芳挈其高弟董真卿，訪予雲谷山中，手攜《孝經大義》一書，取而閱之，則其家君深山先生董君季亨父所輯也。其書爲初學設，故其詞皆明白而切實。熟玩之，則義味精深，又有非淺見謏聞所能窺者。族兄明仲敬爲刊之書塾，以廣其傳。

〔一〕「桓桓」二字，《四庫全書》本作「我徽國」。

此豈惟學者修身、齊家之要，而有國、有天下者亦豈能外是而他有化民成俗之道哉？噫！滕，五十里國耳。其君一用之，至於四方草偃風動，一時行事，猶斑斑有三代之風，學問之功用固如此。晉武、魏文亦天資之美者，惜諸臣無識，不能有以啓道而克大之。悠悠蓋壤，此經之廢，蓋千五百餘年，人心秉彝，極天罔墜，豈無有能講而行之者？誠有以二帝三王之心爲心，則必以二帝三王之教爲教矣。仁，人心也。學所以求仁，而孝則行仁之本也。《語》曰：「如有王者，必世而後仁。」愚何幸身親見之？歲在乙巳陽復之月前進士武夷熊禾序，旹大德之九年也。

朱文公《孝經刊誤》以古文定爲經一章、傳十四章，合一千七百八十字。内删去二百二十三字。

經一章　今文《開宗明義章》第一至《庶人章》第六合爲一章
傳之首章　今文《廣至德章》第十三
傳之二章　今文《廣要道章》第十二
傳之三章　今文《三才章》第七
傳之四章　今文《孝治章》第八
傳之五章　今文《聖治章》第九上一節
傳之六章　《聖治章》下一節
傳之七章　今文《紀孝行章》第十
傳之八章　今文《五刑章》第十一

傳之九章　今文《事君章》第十七
傳之十章　今文《感應章》第十六
傳之十一章　今文《廣揚名章》第十四
傳之十二章　古文《閨門章》
傳之十三章　今文《諫争章》第十五
傳之十四章　今文《喪親章》第十八

孝經篇目

孝經大義文公刊誤古文

鄱陽　董鼎　注

孝經善事父母爲孝，人之行莫大於孝。堯、舜，大聖人也，其道不過孝悌而已。禹、湯、文、武、周公傳之孔子，壹以此道。此書乃曾子聞於孔子，而曾子門人又以所聞於曾子者，合而記之，以爲一經。上自天子，下至庶人，皆當受用；近之閨門妻子、兄弟長幼，遠之天地鬼神、四海百姓，皆自此推之。經，常也。名之曰「孝經」者，以其可爲天下萬世常法也。

仲尼閒居，曾子侍坐。子曰：參，先王有至德要道，以順天下，民用和睦，上下無怨。汝知之乎？「閒」字、「坐」字、「參」字，今文無。○仲尼，孔子字，名丘。曾子，孔子弟子，名參，字子輿。稱子者，尊之也。此書，曾子門人所記也。孔子稱字，曾子稱名，師弟子之義也。閒居，燕居之時也。仲尼呼曾子之名，而語之以古先聖王之所以治天下自有極至之德、切要之道以順其心，故天下之民以此和協而親睦，上下舉無所怨，汝其知之否乎。蓋天下之怨，每生於不和；不和之患，常起於不順。今有一個道理，能使之和順而無怨，誠學者所當知也。引而不發，重其事而未欲遽言之也。德者，人心所得於天之理，仁、義、禮、智、信是也。此五者皆謂之德，而此獨舉其德之至。道者，事物當然之理皆是，而其大目則父子也、君臣也、夫婦也、昆弟也、朋友之交也。此五者，即仁、義、禮、智之性率而行之，以爲天下之達道者也，皆謂之道，而此獨舉其道之要。道也，德也，一理也。見於通行者謂之道，本於自得者謂之德，德之至即所以爲道之要。順者，不過因人心天理所固有，而非有所强拂爲之也。**曾子避席曰：參不敏，何足以知之？**辟，音避。○禮，師有問，避席起對。曾子見孔子舉其德而曰「至德」，舉其道而曰「要道」，其事重大，故辟席而起，辭讓而對。**子曰：夫孝，德之本也，教之所由生。**「生」下，今文有「也」字。○夫，音扶。○至此方言出一「孝」字，即所謂「至德要道」也。仁、義、禮、智雖皆謂之德，而仁爲本心之全德。仁主於愛，愛莫大於愛親，故孝爲德之至。父子、君臣、夫婦、兄弟、朋友之交，五者雖皆謂之道，而親生膝下，行之最先，故子孝於父，獨爲道之要。本，猶根也。行仁必自孝始，君子親親而仁民，仁民而愛物，一念之發，生生不窮，猶木之有根也。聖人以五常之道立教，本立則道生，移之以事君則忠矣，資之以事長則順矣，施之於閨門則夫婦和矣，行之於鄉黨則朋友信矣。充拓得去，舉天下之大，無一物而不在吾仁之中，無一事而不自吾孝中出，故曰「教之所由生」。

復坐，吾語汝。身體髮膚，受之父母，不敢毁傷，孝之始也。立身行道，揚名於後世，以顯父母，孝之終也。夫孝，始於事親，中於事君，終於立身。

語，去聲。夫，音扶。〇孝之義甚大，而其爲説甚長，非立談可盡，故使復位而坐，而詳以告之。孝以守身爲大，身者親之枝也。舉其大而言之，則一身四體；舉其細而言之，則毛髮肌膚。此皆受之於父母者。父母全而生之，我當全而歸之。爲人子者，愛重其身而不敢少有毁傷，此乃孝之始事也。至於能立其身、能行其道，不惟自揚其名，而又以顯其父母，此則孝之終事也。故夫所謂孝者，始於事親爲孝子，中於事君爲忠臣，忠孝兩盡則終於立身爲全人矣。蓋孝者，五常之本，百行之源也。未有孝而不仁者也，未有孝而不義者也，未有孝而無禮、無智、無信者也。以之事君則忠，以之事兄則悌，以之治民則愛，以之撫幼則慈，一孝立而萬善從之。始言保身之道，終言立身之道。蓋不敢毁傷者，但是不虧其體而已，必不虧其行而後方可言立身，故以是終之。愛親者，不敢惡於人；敬親者，不敢慢於人。愛敬盡於事親，而德教加於百姓，刑於四海。蓋天子之孝。惡，去聲。○親，謂父母也。愛者，仁之端；敬者，禮之端。惡者，愛之反；慢者，敬之反。德教，謂至德之教。刑，儀刑也。孔子既言「孝者，德之本，教之所由生」，於是首言天子之孝。天子者，又德教之所自出也。爲天子而愛其親者，必於人無不愛而不敢有所惡於人；敬其親者，必於人無不敬而不敢有所慢於人。我之愛既盡，則人亦興於仁而知所愛矣；我之敬既盡，則人亦興於禮而知所敬矣。夫如是，則四海之大、百姓之衆，皆知有所視傚，而同歸於孝矣。此蓋天子之孝當如是也。天子者，天下之表也。上行之則下傚之，君好之則民從之，天子所以愛敬其親者如此其至，則下之人所以愛敬其親者亦莫敢不至。況孩提之童，無不知愛其親；及其長也，無不知敬其兄。愛親敬兄，本人心天理之固有，天子亦順其所固有而利導之耳。安有感之而不應，倡之而不和者哉？所謂「先王有至德要道」「民用和睦，上下無怨」者如此。在上不驕，高而不危；制節謹度，滿而不溢。高而不危，所以長守貴；滿而不溢，所以長守富。富貴不離其身，然後能保其社稷，而和其民人。蓋諸侯之孝。「守貴」「守富」「之孝」下，今文各有「也」字。○離，去聲。○在上，在一國臣民之上。驕，矜肆也。高，居尊位也。危，不安也。制節，制財用之節。謹度，謹守法度也。滿，處富足也。溢，涌泛也。位尊曰貴，財足曰富。社稷，國之主也。諸侯初受封，則天子賜之土，使歸其國而立社稷，以社主土、稷主穀，民生所賴以安養者也。諸侯在一國臣民之上而不敢自驕，則身雖居高，而不至於危殆不安矣；制節財用，謹守法度，則財雖盛滿而不至於涌泛蕩溢矣。居高位而不危，則不失其位之貴，是所以長守此貴也；處盛滿而不溢，則不失其財之富，是所以長守此富也。富與貴常不離其身如此，然後乃能保有其社稷而和調其民人。此蓋諸侯之孝當如是也。蓋自其始封之君受命於天子，而有民人、有社稷以傳之子孫，所謂國君積行累功以致爵位，豈易而得之哉？則爲諸侯之先公者，其身雖没，其心猶願有賢子孫世世守之而不失也；爲其子孫者，果若循理奉法，足以長守其富貴，則能保先公之社稷、和先公之民人矣。諸侯之所以爲孝者，莫大於此。如其不念先公積累之艱勤，恣爲驕奢，至於危溢，以失其富貴，而不能保其社稷、民人，則不孝莫甚焉。

此諸侯所當戒也。非先王之法服不敢服，非先王之法言不敢道，非先王之德行不敢行。是故非法不言，非道不行；口無擇言，身無擇行；言滿天下無口過，行滿天下無怨惡。三者備矣，然後能守其宗廟。蓋卿大夫之孝也。「德行」「擇行」「行滿」之「行」，並去聲。惡，去聲。〇法服，法度之服。先王制禮，異章服以别品秩，卿有卿之服，大夫有大夫之服。法言，法度之言。德行，心有實得而見之躬行者也。無擇，謂言行皆遵法合道，而無可選擇也。爲卿大夫者當遵守禮法，謹修德行。非先王之法服不敢服，惟恐服之不衷，身之災也；非先王之法言不敢道，惟恐言輕而招辜也；非先王之德行不敢行，惟恐行輕而招辱也。以此之故，非法則不言，言則必合法；非道則不行，行則必中道。出於口者，既無可擇之言；行於身者，亦無可擇之行。是以言之多，至於遍滿天下，而無口過；行之多，至於遍滿天下，而無怨惡。服法服，道法言，行德行，三者既全備矣，然後上無得罪於君，下無得罪於民，斯能長守其宗廟以奉其先祖之祭祀矣。此蓋卿大夫之孝道也。古者宗廟之制，天子七廟，諸侯五廟，大夫三廟，卿與大夫同。若服非法之服是僭也，道非法之言是妄也，行非德之行是僞也，三者有其一，則不免於罪，而宗廟有所不能守矣，故以是言之。卿大夫，通王朝侯國之卿大夫而言。卿之上有公，即諸侯也。

資於事父以事母，而愛同；資於事父以事君，而敬同。故母取其愛，而君取其敬，兼之者，父也。故以孝事君則忠，以敬事長則順。忠順不失，以事其上，然後能保其爵禄，而守其祭祀。蓋士之孝也。

長，上聲。○資，取也。取事父之道以事母，其愛母則同於愛父。雖未嘗不敬也，而以愛爲主，以父主義、母主恩故也。取事父之道以事君，其敬君則同於敬父。雖未嘗不愛也，而以敬爲主，以君臣之際，義勝恩故也。以此之故，事母取其愛，事君取其敬，合愛與敬而兼之者，惟父然也。故由是移事父之孝以事君，則爲忠矣；移事父之敬以事長，則爲順矣。盡其忠順而不失其道，以此事其上，然後能常安其禄位，永守其祭祀矣。此蓋士之孝當如是也。君言社稷，卿大夫言宗廟，士言祭祀，各以其所事爲重也。庶人薦而不祭，又非士之比矣。此章蓋言人必有本。父者，生之本也。愛與敬，父兼之，所以致隆於父，一本故也。致一而後能誠，知本而後能孝，故移孝以事君則爲忠，移敬以事長則爲順，能保爵禄而守祭祀，豈不宜哉？士，事也，自一命以上皆有所事，故名曰士。士有上、中、下三，初命爲下士，等而上之爲中士、上士。用天之道，因地之利，謹身節用，以養父母。此庶人之孝也。養，去聲。○天之道，謂天道流行，爲春夏秋冬四時之運也。地之利，謂土地生植農桑之利也。謹身者，謹修其身，不妄爲也。節用者，省節財用，不妄費也。庶人未受命爲士，既不得以事君，所事者惟父母而已，故以養父母爲孝。然養父母在於足衣食，足衣食在於務農桑，務農桑又在於順時令、別土宜。天之道，春生、夏長、秋斂、冬閉，我則以春耕、以夏耘、以秋收、冬藏，用天之道如此，則順時令矣。地之利，高下燥濕，各有宜植，我則或禾黍、或秔稻、或菽麥、桑麻，因地之利如此，則別土宜矣。蓋順天道而不辨地利，則物無以成；辨地利而不順天道，則物無以生。必天道、地利二者皆得而後生植成，遂有以足於衣食矣。衣食既足，又必謹其身而不敢放縱，節其用而不敢奢侈，唯恐縱肆則犯禮，而自陷於刑戮；侈用則傷財，而不免於饑寒。常以此爲心，則所以養其父母者，不徒養口體有餘，而養志亦無不足矣。此則庶人之孝所當然也。庶人，泛指衆人，學爲士而未受命，與農、工、商、賈之屬皆是也。故自天子以下至于庶人，孝無終始，而患不及者，未之有也。「已下」二字，今文無。「于」，今文作「於」。○唐玄宗云：「五孝之用則别，而百行之源不殊。」自天子而下，爲諸侯、爲卿大夫、爲士、爲庶人，凡五等也。夫子既條陳五孝之用，而具言孝道之極至，則天子可以刑四海，諸侯可以保社稷，卿大夫可以守宗廟，士可以守祭祀，庶人可以養父母。其必致之效有如此者，聞者亦宜有以自勸矣。然猶恐其信道之不篤、用力之不果，而反以吾言之行與不行爲無所損益，於是又有以警戒之。謂以此之故，上自天子，下至庶人，各盡其孝而有終始，則福必及之如前所云者；苟或雖知爲孝而無終始，則禍必及之不得如前所云者。蓋所謂孝者，雖有五等之别，實爲百行之本，其始於事親，終於立身，則天子至於庶人一而已矣。故夫子爲天子、庶人通説此戒以結上文之旨云。如此而禍患不及者未之有，言理之所必無也。學者可不敬誦而謹行之哉？

右經一章。案朱子曰：此一節，夫子、曾子問答之言，而曾氏門人之所記也。疑所謂《孝經》者，其本文止如此，其下則或者雜引傳記以釋經文，乃《孝經》之傳也。竊嘗考之，傳文固多傅會，而經文亦不免有離析增加之失。顧自漢以來，諸儒傳誦，莫覺其非，至或以爲孔子之所自著，則又可笑之尤者。蓋經之首，統論孝之終始，中乃敷陳天子、諸侯、卿大夫、士、庶人之孝，而其末結之曰：「故自天子以下至於庶人，孝無終始，而患不及者，未之有也。」其首尾相應，次第相承，文勢連屬，脉絡通貫，同是一時之言，無可疑者。而後人妄分以爲六、七章，今文作六章，古文作七章。又增「子曰」及引《詩》《書》之文以雜乎其間，使其文意分斷間隔，而讀者不復得見聖言全體大義，爲害不細。故今定此六、七章者合爲一章，而删去「子曰」者二、引《書》者一、引《詩》者四，凡六十一字，以復經文之舊。其傳文之失，又别論之如左方。

子曰：君子之教以孝也，非家至而日見之也。教以孝，所以敬天下之爲人父者。教以悌，所以敬天下之爲人兄者。教以臣，所以敬天下之爲人君者。《詩》云：「愷悌君子，民之父母。」非至德，其孰能順民如此其大者乎！「父者」「兄者」「君者」〔二〕下，今文各有「也」字。○夫子言君子之教人以孝也，非必家至而户到，耳提而面命之也，亦在施得其要而已。必教之以孝，

〔二〕「兄者」「君者」，原作「君者」「兄者」，據《孝經總類》本、《四庫全書》本乙。

使凡爲子者皆知盡事父之道，即所以敬天下之爲人父者也；教之以悌，使凡爲人弟者皆知盡事兄之道，即所以敬天下之爲人兄者也；教之以臣，使凡爲人臣者皆知盡事君之道，即所以敬天下之爲人君者也。蓋致吾之敬者終有限，惟能使人各自致其敬者斯無窮也。又引《泂酌》之詩曰君子有如此愷悌之德，民愛之如父母。蓋能以至德爲教順天下之心，故其效如此其大也。

右傳之首章，釋「至德」「以順天下」。傳，去聲。○朱子曰：「然所論『至德』，語意亦疏，如上章之失云。」此章今爲傳之二章。

子曰：教民親愛，莫善於孝。教民禮順，莫善於弟。移風易俗，莫善於樂。安上治民，莫善於禮。釋「至德」章，既言教民以孝悌之事，至此章又申言之，而并及乎禮樂。孝所以愛其親也，故欲教民以相親相愛，則莫有善於孝者矣；悌所以敬其長也，故欲教民以有禮而順，則莫有善於悌者矣。得其和之謂樂，樂有鼓舞、動蕩之意。故欲移改其風、變易其俗，則莫有善於樂者矣。得其序之謂禮，禮有上下、尊卑之分。故欲上安其君、下治其民，則莫有善於禮者矣。此四者蓋舉其要而言，然孝、悌、禮、樂一本也。此經本以孝爲要道，而四者之中孝又爲要，孝於親必悌於長，孝悌之人，心必和順，和則樂也，順則禮也。四者相因，而舉有則俱有矣。

禮者，敬而已矣。故敬其父，則子悦；敬其兄，則弟悦；敬其君，則臣悦；敬一人，而千萬人悦。所敬者寡，而悦者衆，此之謂要道。「道」下，今文有「也」字。○上文兼言孝、悌、禮、樂四者，至此又獨歸重於禮。至於言禮，則又以敬爲主。蓋父母於子，一體而分，愛易能而敬難盡。故經雖以愛敬兼言，而此獨言敬而以禮爲重者，蓋其所以有序而和者，未有不本於敬而能之也，故又極推廣敬之功用。蓋此心之敬，隨寓而見。以此之敬而敬人之父，則凡爲之子者莫不悦矣；以此之敬而敬人之兄，則凡爲之弟者莫不悦矣；以此之敬而敬人之君，則凡爲之臣者莫不悦矣。彼爲人子、爲人弟、爲人臣者本皆有敬父、敬兄、敬君之心，而吾先有以敬之，則深得其歡心矣。此之敬加於一人，而彼則千萬人悦，所敬者寡而悦者衆，所守者約而施者博，此之謂要道也。所以結一章之旨。

右傳之二章，釋「要道」。傳，去聲。○朱子曰：「但經所謂『要道』，當自己而推之，與此亦不同也。」

曾子曰：甚哉，孝之大也！子曰：夫孝，天之經，地之義，民之行。天地之經，而民是則之。則天之明，因地之義，以順天下，是以其教不肅而成，其政不嚴而治。「之經」「之義」「之行」下，今文各有「也」字。「因地之義」，今文作「之利」。○夫，音扶。行，去聲。○天以陽生物，父道也；地以順承天，母道也。天以生覆爲常，故曰經；地以承順爲宜，故曰義。人生天地之間，稟天地之性，如子之肖像父母也。得天之性而爲慈愛，得地之性而爲恭順，慈愛恭順即所以爲孝。故孝者，天之經，地之義，而人之行也。孝本天地之常經，而人於是取則焉。則者，法也。天地之經常久而不變，人之取則於天地亦常久而不易。其於衆人之中又有聖人者出，法天道之明，因地道之義，以此順天下愛親、敬長之心而治之。是以其爲教也，不待戒肅而自成；其爲政也，不假威嚴而自治。無他，孝者，天性之自然，人心所固有，是以政教之速化如此。

右傳之三章，蓋釋「以順天下」。傳，去聲。○朱子曰：「但自其章首以至『因地之義』，皆是《春秋左氏傳》所載子太叔爲趙簡子道子産之言，惟易『禮』字爲『孝』字，而文勢反不若彼之通貫，條目反不若彼之完備。明此襲彼，非彼取此，無疑也。子産曰：『夫禮，天之經，地之義，民之行也。天地之經，而民實則之。則天之明，因地之性。』其下便陳天明、地性之目，與其所以則之、因之之實，然後簡子贊之曰：『甚哉，禮之大也！』首尾通貫，節目詳備，與此不同。其曰『先王見教之可以化民』，又與上文不相屬，故温公改『教』爲『孝』，乃得粗通。而下文所謂『德義』『敬讓』『禮樂』『好惡』者却不相應，疑亦裂取他書之成文而强加裝綴，以爲孔子、曾子之問答，但未見其所出耳。然其前段，文雖非是而理猶可通，存之無害。至於後段，則文既可疑，而謂聖人見孝可以化民而後以身先之，於理又已悖矣。況『先之以博愛』，亦非立愛惟親之序，若之何而能使民不遺其親耶？其所引《詩》亦不親切。今定『先王見教』以下凡六十九字並删去。」

子曰：昔者明王之以孝治天下也，不敢遺小國之臣，而況於公、侯、伯、子、男乎？故得萬國之懽心，以事其先王。昔者，謂先代。明王，明哲之君。遺，忽忘也。小國之臣，謂土地褊小不能五十里，附於諸侯曰附庸是也。夫子言昔者明哲之王以孝道而治理天下也，推其愛敬之心至於附庸小國之臣，尚不敢有所遺忘。小國之臣且不敢遺，而況於公、侯、伯、子、男大國之臣乎？以此之故，所以得天下萬國之懽心。天子建國，公侯地方百里，伯七十里，子男五十里，五十里以下皆小國也。合大小之國極言其多，故曰萬國。以萬國之衆而皆得其懽悦之心，則尊君親上，同然無間。人心和而王業固，社稷靈長而宗廟奠安，以此事奉其先王，則孝道至矣。孝道之至如此，而後世之君乃不皆然，則以不明不誠故也。明足以有見而知事理之必然，誠足以有行而不忘於微賤，則萬國歸心，先王世享矣。夫子所以首稱「明王」而繼言其「不敢」，蓋不敢之心，則祗懼之誠也，即經言「天子之孝，不敢惡慢於人」是也。

治國者，不敢侮於鰥寡，而況於士民乎？故得百姓之懽心，以事其先君。

此言諸侯之孝治。諸侯，治一國者也。老而無妻曰鰥，老而無夫曰寡，此二者則所謂天下窮民，與夫疲癃殘疾、顛連無告皆在矣。侮，慢忽也。一命以上爲士，民則農工商賈也。諸侯有卿大夫，只言士、民，亦舉小以見大耳。百姓，或謂百官族姓，或謂民之族姓，然以上文萬國例之，當是官族大夫之家。先君，始受命爲國君者也。自天子以孝治天下，而諸侯亦以孝治其國，推其愛敬之心以及於國人，至於鰥寡之微亦不敢侮慢之，而況於士民乎？以此之故，所以得百姓之懽心。百姓之心無不懽悦，則能和其民人，保其社稷矣。以此而事奉其先君，豈非孝道之大者乎？此與經言諸侯之孝相發明，不敢侮鰥寡，即不驕不奢之極；得百姓之懽心，即長守富貴之本也。治家者，不敢失於臣妾，而況於妻子乎？故得人之懽心，以事其親。此言卿大夫之孝治。士、庶人亦并舉矣。古者卿置側室，大夫有貳宗，士有隸子弟，庶人工商各有分親，皆所謂臣妾也。臣妾賤而疏，妻子貴而親。人之情，常厚於親貴而薄於疏賤，而昔之爲卿大夫以孝治其家者，推其愛敬之心下及於臣妾，曾不敢少有失於臣妾之心。彼疏賤者尚如此，而況於妻子之親貴乎？則不失其心可知矣。是以無貴無賤、無親無疏，皆得其人之懽心而有以事其父母矣。夫然，故生則親安之，祭則鬼享之。是以天下和平，災害不生，禍亂不作。故明王之以孝治天下如此。《詩》云：「有覺德行，四國順之。」夫，音扶。行，去聲。○此總結治天下國家三節。夫然，猶言惟其如此也；故，猶言是以如此也。生，謂父母存時。祭，謂没後奉祀。安者，其心無憂。享者，其魂來格。人死曰鬼，氣屈而歸也。天子、諸侯、卿大夫皆以孝治天下國家，而得人之懽心以事其親如此，故其生而存則親安之，没而祭則鬼享之，由其心意之素安，所以魂氣之易感也。是以普天之下既和且平，和則無乖戾之氣，故災害不生；平則無悖逆之事，故禍亂不作。災害如水旱、疾疫生於天者也，禍亂如賊君、弑父作於人者也。孝者，天之經、地之義而人之行也。人人盡孝，則心和、氣和而天地之和應矣。夫子遂總結之曰：「故明王之以孝治天下如此。」蓋由天子身率於上，諸侯以下化而行之，所以至此，皆明王之力也。又引《抑》詩以明之，義取天子有大德行，則四方之國順而行之，以明明王以孝治天下，故諸侯卿大夫皆以孝治其國家也。

右傳之四章，釋「民用和睦，上下無怨」。朱子曰：「其言雖善，而亦非經文之正意，蓋經以孝而和，此以和而孝也。引《詩》亦無甚失，且其下文語已更端，無所隔礙，故今且得仍舊耳。後不言合删改者放此。」

曾子曰：敢問聖人之德，其無以加於孝乎？「無」字，今文作「何」字。

○曾子既聞明王以孝治，其極至之效如此，於是又推廣而言：敢問夫子，聖人之所以爲治者固皆本於孝矣,不知聖人之所以爲德者,果無以加於孝乎?抑亦有在於孝之上,可以致禮成化過於此者乎?子曰:天地之性,人爲貴。人之行,莫大於孝。行,去聲。○天以陽生萬物,地以陰成萬物。天地之生成萬物者雖以陰陽之氣,然氣以成形,而理亦賦焉。故夫子言人所稟受於天地之性,則比萬物爲最貴,以能與天地參爲三才也。以天地之性言之,則人爲貴;以人之行言之,則孝爲大。何也?人稟天地之性,不過仁、義、禮、智、信五者而已。專言仁,又爲人心之全德,義、禮、智、信皆包括於其中。仁主於愛,愛莫先於愛親,故仁之發見如水之流行,親親爲第一坎,仁民爲第二坎,愛物爲第三坎。此人所行之行,莫大於孝也。人惟不知孝之大也,是以失於自小;惟不知人之貴也,所以失於自賤。自賤則雖有人之形,無以遠於禽獸矣;自小則雖有聖賢之資,無以拔於凡庶矣。此夫子答曾子之問,必先之曰:「天地之性,人爲貴。人之行,莫大於孝。」所以使人知所自貴,而先務其大者。董仲舒謂「必知自貴於物,而後可與爲善」,亦夫子之意也。孝莫大於嚴父,嚴父莫大於配天,則周公其人也。此極言孝之大者。嚴,尊敬也。配,合也。周公,文王之子,武王之弟,成王之叔父,名旦,食采於周,位居三公，故稱周公。人子之孝於親者無所不至，而莫大於尊敬其父；尊敬其父者亦無所不至，而莫大於配享上天。惟天爲大，尊無與對，而能以己之父與之配享，所以尊敬其父者至矣極矣，不可以復加矣。然仁人孝子愛親之心雖無窮，而立綱陳紀制禮之節則有限。求其能盡孝之大而嚴父以配天者，則惟周公其人也。《中庸》曰：「武王末受命，周公成文、武之德，追王太王、王季，上祀先公以天子之禮。」制爲嚴父配天之禮者，周公也，故夫子稱之。

昔者，周公郊祀后稷以配天，宗祀文王於明堂，以配上帝。是以四海之內，各以其職來助祭。夫聖人之德，又何以加於孝乎？「來」下，今文無「助」字。○夫，音扶。○郊社，祭天也，祭天於南郊，故曰郊。后稷，舜之臣，名棄。舜命爲稷，使教民播種百穀，始封於邰爲諸侯，君其國，故稱曰后稷，是爲周之始祖。文王，太王之孫，王季之子，武王之父，名昌。明堂，王者出治布政之堂，南面向明，故曰明堂。宗祀，謂宗廟之祭也。天以形體言，上帝以主宰言。夫子言昔者周公之制禮也，郊祀祭天則以后稷配，尊后稷猶天也；宗祀祭帝則以文王配，尊文王猶帝也。周公之所以尊敬其祖父如此，是以德教刑于四海，四海之內爲諸侯者，各以其職分所當然皆來助祭，敬供郊廟之事。　孝道之感人若是，則夫聖人之德，又有何者可以加於孝乎？夫子答曾子之問，意已盡矣，下文復申言聖人教人以孝之故。　故親生之膝下，以養父母日嚴。聖人因嚴以教敬，因親以教愛。　聖人之教，不肅而成，其政不嚴而治，其所因者本也。　養，去聲。○親，父母也。膝下，謂孩幼嬉戲於父母之膝下也。養，奉養也。嚴，尊嚴也。敬，禮敬也。親，親昵也。愛，慈愛也。本，謂天性也。聖人教人以孝非強之使然，乃順其自然。蓋親生膝下，其初固惟知有親昵而已，未嘗知有所謂尊嚴之道，然一體而分，則自然有親愛不容已之情，天之性也。雖曰親昵，而其尊卑已自有一定不可易之序存焉，天之分也。此蓋其本然之所固有，而聖人立教，亦非強其所無而爲之，故曰「因嚴以教敬，因親以教愛」。所以教之愛敬者，不過啓其良心、發其善性，而非有所待乎外也，故其教不待肅而自成，其政不待嚴而自治。人子之生也，三年然後免於父母之懷，「長我育我，顧我復我，出入腹我」，骨肉之親無有密於此者，生養之恩無有大於此者，故曰「欲報之德，昊天罔極」。言父母恩德與天地並，雖盡孝道欲以報之，亦復無有窮極。此皆人心固有之理，是以孩提之童無不知愛其親。聖人復恐其狎恩恃愛，而易失於不敬，於是因嚴教敬，使愛而不至於褻；又因親教愛，使敬而不至於疏。此聖人所以有功於人心天理，而扶植彝倫於不墜也。

右傳之五章，釋「孝，德之本」。朱子曰：「但嚴父配天，本因論武王、周公之事而贊美其孝之詞，非謂凡爲孝者皆欲如此也。又況孝之所以爲大者，本自有親切處，而非此之謂乎！若必如此而後爲孝，則是使爲人臣子者，皆有今將之心，而反陷於大不孝矣。作傳者但見其論孝之大，即以附此，而不知其非所以爲天下之通訓。讀者詳之，不以文害意焉可也。其曰『故親生之膝下』以下，文却親切，但與上文不屬，而與下章相近，故今文連下二章爲一章。但下章之首語已更端，意亦重複，不當通爲一章。此語當依古文，且附上章，或自別爲一章可也。」

子曰：父子之道，天性，君臣之義。父母生之，續莫大焉。君親臨之，厚莫重焉。不愛其親而愛他人者，謂之悖德；不敬其親而敬他人者，謂之悖禮。「天性」下，今文有「也」字。「重焉」下，今文有「故」字。○此章雖別以「子曰」字更端，終是承上章之意。父子之道，天性，謂親也；君臣之義，謂嚴也。《易》曰：「家人有嚴君焉，父母之謂也。」以父之親言，故曰續莫大焉；以君之尊言，故曰厚莫重焉。德主愛亦是就「親」字説，禮主敬亦是就「嚴」字説，此蓋就「所因者本也」説一本之意。親親而仁民，仁民而愛物，如水之一源，而千條萬派皆此源之流；如木之一根，而千枝萬葉皆此根之發。孟子一本之説正謂是也。若昧一本之説，不愛其親而愛他人者，則謂之悖德；不敬其親而敬他人者，則謂之悖禮。蓋由愛敬其親而推以愛敬他人，則爲順；不愛敬其親而先以愛敬他人，則爲悖矣。

右傳之六章，釋「教之所由生」。朱子曰：「古文析『不愛其親』以下别爲一章，而各冠以『子曰』。今文則合之，而又通上章爲一章，無此二『子曰』字，而於『不愛其親』之上加『故』字。今詳此章之首，語實更端，當以古文爲正。『不愛其親』語意正與上文相續，當以今文爲正。至『君臣之義』之下，則又當有脱簡焉，今不能知其爲何字也。『悖禮』以上皆格言，但『以順則逆』以下，則又雜取《左傳》所載季文子、北宫文子之言，與此上文既不相應，而彼此得失又如前章所論子産之語，今删去凡九十字。」季文子曰：「以訓則昏，民無則焉。不度於善，而皆在於凶德，是以去之。」北宫文子曰：「君子在位可畏，施舍可愛，進退可度，周旋可則，容止可觀，作事可法，德行可象，聲氣可樂，動作有文，言語有章，以臨其下。」

子曰：孝子之事親，居則致其敬，養則致其樂，病則致其憂，喪則致其哀，祭則致其嚴。五者備矣，然後能事親。養，去聲。樂，音洛。○此教之以善也。居，謂平居，暇日無事之時。致者，推之而至其極也。敬者，常存恭敬，不敢慢易也。養，謂飲食奉養之時。樂者，歡樂悦親之志也。病者，謂父母有疾，疾甚而病。憂，憂慮不遑寧處也。喪，謂不幸親死，服其喪也。哀，哀戚，追念痛切也。祭，謂親没而祭祀之。嚴，謂精潔肅敬，謹畏將事也。人有一身，心爲之主；士有百行，孝爲之大。爲人子者誠以愛親爲心，而不忘事親之孝，平居無事常有以致其敬，則敬存而心存；一敬既立，遇養則樂，遇病則憂，遇喪則哀，遇祭則嚴。五者有一不備，不可謂能，然皆以敬爲本。

事親者，居上不驕，爲下不亂，在醜不爭。居上而驕則亡，爲下而亂則刑，在醜而爭則兵。此三者不除，雖日用三牲之養，猶爲不孝也。養，去聲。○此戒之以不善也。孝子之事親者，居人上則當莊敬以臨下，而不可驕矜；爲人下則當恭謹以事上,而不可悖亂;在己之醜類等夷則當和順以處衆,而不可争競。苟居上而驕,則失道而取亡;爲下而亂,則犯分而致刑;在醜而争,則起釁而召兵。曰驕、曰亂、曰争,三者不除,而曰亡、曰刑、曰兵,三者必至。危亡之禍,憂將及親,其爲不孝大矣。雖日具牛、羊、豕三牲之養,自以爲盡禮,親得安坐而食乎?故曰「猶爲不孝也」。愚案此章以敬爲主,則有前之善,無後之不善。不敬者反是。事親而欲盡孝者,可不愛親而先盡敬乎?

右傳之七章,釋「始於事親」及「不敢毁傷」。朱子曰:「亦格言也。」

子曰:五刑之屬三千,而罪莫大於不孝。五刑,墨、劓、剕、宫、大辟,五等之刑。墨者,刺字而涅以墨。劓,截其鼻。剕,斬其趾。宫,男子割勢,婦人幽閉。辟,法也,大辟〔一〕,死刑也。古用肉刑,漢文帝始除之,斬左趾者笞五百,當劓者笞三百,率多死。景帝又定律,笞五百曰三百,笞三百曰二百。《吕刑》云:「墨罰之屬千,劓罰之屬千,剕罰之屬五百,宫罰之屬三百,大辟之罰其屬二百,五刑之屬三千。」孔子蓋引此句以爲刑

〔一〕「辟」原作「法」,據《孝經總類》本改。

罰之條目雖如此其多，而罪之至大者無過於不孝，則不孝者，天地所不容也。上章已足爲天子、諸侯、卿大夫之戒矣，於此又兼士、庶人之戒焉。要君者無上，非聖人者無法，非孝者無親。此大亂之道也。要，平聲。○此極言不孝之罪所以爲大。君者，臣之所稟令者也，而敢於要脅之，是無其上也；聖人者，法之所從出也，而敢於非議之，是無其法也；人莫不有父母也，而敢以孝道爲非，是無其親也。人必有親以生、有君以安、有法以治，而後人道不滅，國家不亂。若三者皆無之，此乃大亂之道也。三者又以不孝爲首，蓋孝則必忠於君，必畏聖人之法矣。惟其不孝，不顧父母之養，是以無君臣、無上下，詆毀法令，觸犯刑辟，不孝之罪，蓋不容誅也。

右傳之八章。朱子曰：「因上文『不孝』之云而繫於此，亦格言也。」

子曰：君子事上，進思盡忠，退思補過，將順其美，匡救其惡，故上下能相親。《詩》曰：「心乎愛矣，遐不謂矣。中心藏之，何日忘之。」「君子」下，今文有「之」字。「事上」「相親」下，今文各有「也」字。○上，謂君也。

進，謂進見於君。退，謂既見而退，謂爲臣者趨朝退朝時也。「内則父子，外則君臣，人之大倫也。父子主恩，君臣主敬。」故夫子言君子之事君上也，進見於君，已有善道則思竭盡其忠，極言無隱；及其既退，君有闕失則思補塞其過，進則復言。至於君有美意則將順其美，助而成之，惟恐不及；君有惡念則匡救其惡，諫而止之，惟恐或形。蓋忠臣之事君如孝子之事親，先其意、承其志、迎其幾而致其力。一念之善則助成之，無使優游不決，沮遏而中止也；一念之惡則諫止之，無使昏蔽不明，遂成而莫救也。陳善閉邪，慮之以早，防之以豫，戒於未然，止於無迹。此魏鄭公所以願爲良臣，而不願爲忠臣也。爲臣豈不願忠？蓋後世所謂忠，必至犯顔敢諫、盡命死節而後爲忠；不知〔一〕救其横流而拯其將亡，未若防微杜漸爲忠之大也。此龍逢、比干之忠所以不如皋、夔、稷、契之良，而吾夫子亦以將順其美、匡救其惡爲盡忠補過之至也。苟非君子，進則面從，退有後言，有美不能助而成也，有惡不能救而止也，激君以自高，謗君以自潔，諫以爲身而不爲君也。是以上下相疾，而國家敗矣。今以君子而事上，所以忠愛其君者如此，則君享其安佚，臣預其尊榮，故君

〔一〕「知」原作「如」，據《孝經總類》本、《四庫全書》本改。

臣上下能相親也。君猶父，臣猶子，相親猶一家也；君爲元首，臣爲股肱，相親猶一體也。此相親之至也。又引《隰桑》之詩以言臣心愛君，雖在遐遠不謂爲遠，蓋愛君一念常藏心中，無日暫忘也。遠者猶不忘也，而況於近，可不盡忠愛乎？

右傳之九章，釋「中於事君」。朱子曰：「『進思盡忠，退思補過』，亦《左傳》所載士貞子語，然於文理無害，引《詩》亦足以發明移孝事君之意，今並存之。」

子曰：昔者明王事父孝，故事天明；事母孝，故事地察；長幼順，故上下治。天地明察，神明彰矣。故雖天子，必有尊也，言有父也；必有先也，言有兄也。宗廟致敬，不忘親也；修身慎行，恐辱先也。宗廟致敬，鬼神著矣。孝悌之至，通於神明，光於四海，無所不通。《詩》云：「自西自東，自南自北，無思不服。」長，上聲。行，去聲。○《易》曰：「乾，天也，故稱乎父；坤，地也，故稱乎母。」父有天道，母有地道，王者繼天作子，父天母地，凡其所以事天地之道，亦不外事父母之道而已。天人幽顯之道一也，能事人則能事神矣。「事父孝，故事天明」，能事父以孝，則其事天也必明矣；「事母孝，故事地察」，能事母以孝，則其事地也必察矣。此「明」「察」二字亦是就前章「天經地義」一句引來。孔子曰：「明於天之道，而察於民之故。」孟子曰：「舜明於庶物，察於人倫。」大抵經是總言其大者，義是中間事物纖悉曲折之宜，董子所謂常經通義亦是此意。惟其爲天之經也，所以「事父孝，故事天明」；惟其爲地之義也，所以「事母孝，故事地察」。「明」字氣象大，聰明睿智，無所不照；「察」則工夫細，文理密察，無所不周。長幼順，蓋就事父母推之；上下治，蓋就事天地推之。長幼尊卑，無一不順其序，則人道盡矣。極其孝，則三光全、寒暑平，而天道清矣；山川鬼神亦莫不寧，鳥獸魚鼈咸若，而地道寧矣。所謂神明者，即造化之功用也。事天地而至於如此，豈不洋洋如在其上，如在其左右乎？此亦昔者明王之事如此，後之爲天子者所宜取法也。「必有尊也，言有父也」，因「事父事母孝」二句。「必有先也，言有兄也」，因「長幼順」一句。誰無父母，皆可爲孝；誰無兄長，皆可爲悌〔一〕。又推而上之，不特事父兄爲然，至於奉宗廟、

〔一〕「悌」原作「然」，據《孝經總類》本、《四庫全書》本改。

事先祖亦莫不然〔一〕，但須盡吾立身之道而已。「修身慎行」，此是事親之始終不出於此。故爲人子，一舉足而不敢忘父母，一出言而不敢忘父母，惟恐一言一行之玷，以辱其親。若其事宗廟致敬，其彰著尤可見，其實皆自充吾一念之孝悌。而至其極，則其幽也可以通於神明，其顯也可以光於四海，其無所不通。故引《文王有聲》之詩以贊之。嗚呼，是道非仁孝誠敬之至，豈足以與於此哉？天人之道昭矣，感應之理微矣，讀是章者必有以深體而默識之。

右傳之十章，釋「天子之孝」。朱子曰：「有格言焉。」

子曰：君子之事親孝，故忠可移於君；事兄悌，故順可移於長；居家理，故治可移於官。是故行成於内，而名立於後世矣。長，上聲。行，去聲。○名，非君子所尚也。又曰：「君子疾没世而名不稱焉。」聖人豈教人以

〔一〕「然」原作「善」，據《孝經總類》本改。

好名哉?名者,實之賓,有其實者必有其名。苟没世而名不見稱,則是終其身無爲善之實矣。是以君子疾之。苟疾其名之不稱,當常恐其實之不至而孜孜勉焉可也。夫子於此廣其義以終經言「立身揚名」之旨,謂爲君子者之於事親,苟極其孝矣,以孝事君則忠,故忠可移於君;事兄,苟極其悌矣,以敬事長則順,故順可移於長;居家,苟極其理矣,「唯孝,友于兄弟,克施有政」,故治可移於官。事君者,事親之推也;事長者,事兄之推也;居官者,居家之推也。根固者葉必茂,源深者流必長,膏沃者光必燁,是以孝悌之行成於内,忠順之道達於外。君子務實,雖不求名,而州閭鄉黨稱其孝,兄弟親戚稱其慈,僚友稱其悌,執友稱其仁,交遊稱其信,不惟譽藹於一時,而且名立於後世矣。舜在側微,又處頑父、嚚母、傲弟之間,而能和以孝道,是以帝堯聞之,四岳舉之,天下君之,萬世師之。豈有他哉?孝悌而已矣。所謂以顯父母者,豈有過於此哉?

右傳之十一章,釋「立身」「揚名」及「士之孝」。

子曰:閨門之内,具禮矣乎!嚴父嚴兄。妻子臣妾,猶百姓徒役也。此因上章言以治家之道而推之於一國，此章又以治國之道而施之於一家，蓋閨門之內恩常掩義，至於治國之道則以義而斷恩。傳者之意，恐其閨門之內挾恩恃愛，易以流於親愛昵比之私，故謂雖處閨門之內，一國之理實具焉。嚴父有君之道，嚴兄有長之道，妻子臣妾即百姓徒役也。以此施之，則義有以制私，尊卑內外整整然其有條理矣。此實治家之要道也。

右傳之十二章。朱子曰：「此因上章三『可移』而言。嚴父，孝也；嚴兄，弟也；妻子臣妾，官也。○或云宜爲十章。」

曾子曰：若夫慈愛恭敬，安親揚名，參聞命矣。敢問從父之令，可謂孝乎？「參」，今文作「則」。「敢問」下，今文有「子」字。○夫，音扶。令，去聲。○夫子教曾子以孝，曾子一嘆「孝之大」，次問「無以加於孝」，夫子皆詳告之。孝之始終備矣，惟幾諫一節言之未及，曾子於是包攝夫子之所已言者，謂「若夫慈愛恭敬，安親揚名」，凡此之道則既得聞夫子之教命矣。敢問爲人子者一以順從爲孝，然則父母有命令，將不問可否而悉從之，然後可以爲孝乎？此曾子之善問也。「慈愛」如養致其樂，「恭敬」如居致其敬，「安親」不近兵刑，「揚名」如立身行道，揚名於後世之類。子曰：是何言與？是何言與？昔者天子有争臣七人，雖無道，不失其天下；諸侯有争臣五人，雖無道，不失其國；大夫有争臣三人，雖無道，不失其家；士有争友，則身不離於令名；父有争子，則身不陷於不義。故當不義，則子不可以弗争於父，臣不可以弗争於君。故當不義則争之。從父之令，又焉得爲孝乎？與，平聲。争，諍同。離、令，並去聲。焉，於虔反。○見非而從，成父不義，有害於孝，理所不可，夫子故重言「是何言與」以戒之，謂以從父之令爲孝，是何等言，不可以訓也。曾子本以從父之令爲問，夫子又推而廣之，自天子至於庶人，爲臣子者，見君父之過，皆不可以苟順而不諫諍。故昔者天子必有諍臣七人，則雖無道亦可以不失其天下；諸侯必有諍臣五人，則雖無道亦可以不失其國；大夫必有諍臣三人，則雖無道亦可以不失其家。天子有天下四海之大，萬幾之繫，善則億兆蒙其福，不善則宗社受其禍，故必有諫諍之臣以救其過而後可。古者立誹謗之木，設敢諫之鼓，大開言路，廣集忠益，諍臣豈止七人而已哉？夫子姑約而言之耳。若次於天子爲諸侯，又次於諸侯爲大夫，國小於天下，其事必簡，故五人而可；家小於國，其事又簡，故三人而可。其實諫不厭多，非必以數拘也。下至於士則無臣，未爲大夫則無家，所有者身，所賴者友。故士以友諍，則身不離於令名；父以子諍，則身不陷於不義。人之大倫有五，君臣、父子爲之首，而朋友居其末。君臣、朋友皆以人合，唯父子爲天屬之親。臣之忠愛其君者，以道事君，不可則止；友之忠愛其友者，忠告而善道之，亦不可則止。若子之於父，無可止之義。故曰：「君有過則諫，三諫而不聽，則去；親有過則諫，三諫而不聽，則號泣而隨之。」又曰：「事父母幾諫，見志不從，又敬不違，勞而不怨。」「起敬起孝，悦則復諫。」積誠以感動之，必其從而後已。此則人子愛親之至，終欲其歸於至善，又有非臣與友之所得爲者。自士以下雖謂庶人，然天子、諸侯、大夫、士之子均爲子也，均愛父也。父若有過，子必幾諫，無諉之諍臣、諍友可也。夫子是以總言之曰：「故當不義，則子不可以弗争於父，臣不可以弗争於君。」先父子而後君臣，其旨深矣。又曰：「故當不義則争之。從父之令，又焉得爲孝乎？」所以結一章之旨，而終「是何言與」之義也。争，義當從諍，諫之大者。諫而不入，則犯顏引義以争之，不聽則不止也。

右傳之十三章。朱子曰：「不解經而别發一義。」

子曰：孝子之喪親，哭不偯，禮無容，言不文，服美不安，聞樂不樂，食旨不甘，此哀戚之情。「喪親」「之情」下，今文各有「也」字。○偯，於豈反。不樂，音洛。○君子有三樂，父母俱存居其首，則人間至樂無有大於此者矣。一旦不幸而死，乖吾之大樂，豈不爲大哀乎？吾之一身，父母生之，本同體也。存殁頓異，骨肉睽離，寧不爲大痛乎？夫子於是申言孝子之喪其親也，哀痛之極，發於聲爲哭，其哭也不偯，氣竭而盡，不能委曲也；動於貌爲禮，其禮也無容，觸地踊躃，不能爲容也；出於口爲言，其言也不文，内憂無情，不能爲文也。服衣之美有所不安，聞樂之和有所不樂，食味之旨有所不甘，無他，人子之心念念痛親之死而已，豈復計吾之生哉？故寢苫枕塊，服衰麻、食溢米，苟延殘喘於天地間已爲過矣，耳目之接，口體之奉，尚何心乎？夫子故言此而結之曰：「此哀戚之情。」蓋謂此乃人心自有之情，非聖人强之也。三日而食，教民無以死傷生，毁不滅性，此聖人之政。今文有「也」字。○禮，三年之喪，三日不食，過三日則傷生矣。所以三日而食者，謂教天下之人無以哀死而至於傷生，雖毁瘠而不滅其性。性者，人之所受於天以生者也。性中有仁，仁之發主於愛，愛莫大於愛親。父母存而愛敬之者，根於性也；父母没而哀戚之者，亦根於性也。若以哀戚之過而傷生，是性可滅也；性可滅則生人之類滅矣。此聖人之爲政，所以爲生民立命也。喪不過三年，示民有終。爲之棺槨、衣衾而舉之，陳其簠簋而哀戚之；擗踊哭泣，哀以送之；卜其宅兆，而安措之；爲之宗廟，以鬼享之；春秋祭祀，以時思之。「終」下，今文有「也」字。○簠，方矩反。簋，居洧反。擗，房益反。踊，余壟反。○此又自聖人之政而詳之。人親之亡也，孝子之心何有限量，然而遂之是無節也，故聖人爲之立其中制，不過三年，所以示民有終極也。其始死也，爲之棺以周衣，椁以周棺，衣衾以周身，然後舉而斂之。其將葬也，陳其簠簋，奠以素器，而不見親之在，則傷痛而哀戚之。其祖餞也，女擗男踊，號哭涕泣，而不忍親之去，則悲哀而往送之。爲墓於郊不可苟也，則卜之冢穴曰宅、墓域曰兆，必得吉而安厝之，此皆慎終之禮也。爲廟於家必有制也，則爲之三年喪畢，遷主於廟，始以鬼而禮享之。及其久也，寒暑變遷，益用增感，春秋祭祀，以寓時思，此追遠之禮也。至於忌日不用，所謂君子有終身之喪，念親之意果何有窮已哉？此皆聖人之政，因人之情，爲之節文，使過之者俯就，不至者跂及也。生事愛敬，死事哀戚，生民之本盡矣，死生之義備矣，孝子之事親終矣。此又合「始」「終」而言之，以結一書之旨。孝子之事親也，事死如事生，事亡如事存。於其生也事之以愛敬，於其死也事之以哀戚，生民之道，孝悌爲本，於此盡矣；養生送死，其義爲大，於此備矣；至此則孝子之事親，其道終矣。人之情有所愛，而所愛施於所親。一錢之錐視爲己物必營護之，一飯之恩嘗爲己惠必思報之，「父兮生我，母兮鞠我」，父母之德，較之一飯之恩，孰小孰大？父母之身，比之一錢之錐，孰重孰輕？尚能思報一飯之恩，營護一錢之錐，則所以思報父母、營護父母者，宜知所盡心而竭力矣。「居則致其敬，養則致其樂」，「生事愛敬」也；「喪則致其哀，祭則致其嚴」，「死事哀戚」也。夫民幼者，非壯則不長；老者，非少則不養；死者，非生則不藏。人情莫不愛其親，愛之篤者莫若父子。聖人因天之性、順人之情而利導之，教父以慈，教子以孝，使幼者得壯、老者得養、死者得藏。是以民不夭折棄捐，而咸遂其生；日以蕃息，而莫能傷。故孝者，生民之本也。古者葬之中野，厚衣之以薪，喪期無數。後世聖人爲之中制，中則欲其可繼也，繼則欲其可久也，措之天下而人共守之，此法之所以不廢，人之所以無憾也。苴斬之服，饘粥之食，顔色之戚，哭泣之哀，皆出於人情不安於彼而安於此，非聖人强之也。三日而食，三年而除，上取象於天，下取法於地；不以死傷生，毁不滅性，因人情而爲之節也。死者，人之大變也。舉而斂之，哀戚而奠之，擗踴哭泣而送之，厝之以宅兆，享之以宗廟，時思之以祭祀，情文盡於此矣，所以常久而不廢也。夫有生必有死，有始必有終。生事以禮，死葬以禮，祭之以禮，則可謂孝矣。故曰：「死生之義備矣，孝子之事親終矣。」然夫子此書雖以授曾子，而備言五孝之用則自天子、諸侯、卿大夫、士、庶人皆所通行，而爲人上者又德教之所自出，故一則曰「先王有至德要道」，二則曰「明王以孝治天下」，三則曰「明王事父孝」「事母孝」，至末章則亦曰「教民無以死傷生」，又曰「示民有終也」。是則孝者，天地之經，人道之本，誠有天下國家者之所先務也。故雖生事葬祭，貴賤有等，禮不可違。而獨三年之喪，自天子達於庶人，無貴賤，一也。聖人之爲生民慮者，豈不深且遠哉？宰予學於孔門，親受夫子之教，乃曰：「期，可已矣。」又何怪齊宣王之短喪，漢文帝之以日易月，自是而後，習以爲常。爲人上者如此，何以責其下哉？尊信孟子，惟一滕文公。雖其父兄百官皆不欲，曰：「吾先君莫之行，吾宗國魯先君亦莫之行。」三年之喪，能行者寡矣。文公獨有感於孟子「親喪，固所自盡」之一語，排羣議而力行之，然後「百官有司莫敢不哀」，「百官族人可謂曰知」，至於四方之來弔者莫不大悦其有禮。秉彝好德之良心，蓋甚昭昭乎不可泯也。然則感人心、厚風俗,至德要道,何以加於孝哉?

右傳之十四章。朱子曰:「亦不解經,而别發一義,其語尤精約也。」又案《〈朱子刊誤〉跋》云:「熹舊見衡山胡侍郎《論語説》,疑《孝經》引《詩》非經本文,初甚駭焉,徐而察之,始悟胡公之言爲信,而《孝經》之可疑者,不但此也。因以書質之沙隨程可久丈,程答書曰:『頃見玉山汪端明亦以爲此書多出後人傅會。』於是乃知前輩讀書精審,其論固已及此。又竊自幸有所因述,而得免於鑿空妄言之罪也。因欲掇取他書之言可發此經之旨者,别爲外傳,顧未敢耳。淳熙丙午八月十二日記。」

孝經大義

後學成德挍訂

附《孝經大義》四庫提要

臣等謹按：《孝經大義》一卷，宋〔一〕董鼎撰。鼎有《尚書輯録纂注》，已著録。初，朱子作《孝經刊誤》，但爲釐定經傳、删削字句，而未及爲之訓釋。鼎乃因朱子改本，爲之詮解。凡改本圈記之字，悉爲芟除；改本辨正之語，仍存于各章之末。所謂「右傳之幾章釋某義」者，一一順文衍説，無所出入；第十三章、十四章所謂「不解經而别發一義」者，亦即以經外之義説之，無所辨詰。惟增注今文異同，爲鼎所加耳。其注稍參以方言，如云「今有一個道理」，又云「至此方言出一『孝』字」之類，略如語録之例。其敷衍語氣，則全爲口義之體。雖遣詞未免稍冗，而發揮明暢，頗能反覆以盡其意，于初學亦不爲無益也。前有熊禾序，蓋大德九年鼎子真卿從胡一桂訪禾于雲谷山中，以此書質禾，禾因屬其族兄熊敬刊行，而自序其首。序稱朱子爲「桓桓文公」。案《書》曰：「勖哉夫子，尚桓桓。」孔傳曰：

〔一〕按「宋」當作「元」。

「桓桓，武貌。」《爾雅》曰：「桓桓、烈烈，威也。」均與著書明道無關，頗爲杜撰。又「文公」字跳行示敬，而「孔子」「曾子」字乃均不跳行，亦殊顛倒。以原本所有，姑仍其舊録之焉。

乾隆四十年五月恭校上。

總纂官臣紀昀　臣陸錫熊　臣孫士毅

總校官臣陸費墀

附朱鴻識語

《晦庵先生刊誤古文孝經》，鄱陽董鼎注。成化甲午，淳安徐貫按泉，偶於蔡介甫家得是書，命工鋟梓。鴻恐久而散失，再梓以廣其傳。

孝經定本

【元】吴澄 撰
李静雯 點校

點校説明

《孝經定本》一卷，吴澄撰。澄(一二四九——一三三三)，字幼清，晚字伯清，人稱草廬先生。江西崇仁人。宋元之際理學大家。南宋度宗時中鄉試。入元後一度隱居，後爲國子監丞，升司業，遷翰林學士，泰定帝時爲經筵講官。卒謚「文正」。著述另有《易纂言》《書纂言》《儀禮逸經傳》《吴文正集》等。《元史》有傳。

澄爲朱熹後學弟子，其治學亦承朱熹疑經遺緒。其《孝經定本》原名《孝經章句》，原爲授其子而作，「諄切卑瑣，蓋取蒙穉易曉而已」。是書以今文《孝經》爲本，並參古文、朱熹《孝經刊誤》，今、古文所異者，定從所長。並刊落《孝經刊誤》以爲當删去之文句與《閨門章》，而悉别録於後。其以「仲尼居」至「故自天子至於庶人，孝無終始，而患不及者，未之有也」爲經，以下各章定爲傳，爲經一章，傳十二章。《孝經》文下訓釋經義，言簡意賅。末有其門人張恒題記。《孝經定本》與《孝經刊誤》並爲《孝經》學史上的重要改本，影響甚廣。清毛奇齡撰《孝經問》，即爲批駁朱、吴二書。《四庫全書總目》評價其「所定篇第雖多分裂舊文，而詮解簡明，亦秩然成理」。

據卷末張恒題記，是書撰成後由其門人於大德間刊刻，至明萬曆間朱鴻輯刻《孝經》文獻，據元版（朱氏誤爲宋本）重刊。今元刻本不見於著録，當已不存。現有《孝經總類》本、《孝經叢書》本、康熙間《通志堂經解》本，卷端均題「草廬校定古今文孝經」。又有《四庫全書》本、清嘉道間《今古文孝經彙刻》本，題作「孝經定本」。朱彝尊《經義考》著録作「孝經章句」。本次整理，即以《四庫全書》本爲底本，以《孝經總類》本、《通志堂經解》本爲校本。

《孝經定本》四庫提要

臣等謹案：《孝經定本》一卷，元吴澄撰。澄有《易纂言》，已著録。此書以今文《孝經》爲本，仍從朱子《刊誤》之例，分列經傳。其經則合今文六章爲一章，其傳則依今文爲十二章而改易其次序。朱子所删一百七十二字，案朱子《刊誤》凡删二百二十三字，中有句删其字者，此惟載所删之句，故止一百七十二字。與古文《閨門章》二十四字並附録於後。後有大德癸卯澄門人河南張恒跋，稱澄觀邢疏而知古文之僞，觀朱子所論知今文亦有可疑，因整齊諸説，附入己見，爲家塾課子之書，不欲傳之，未嘗示人云云。蓋心亦有所不安也。其謂漢初諸儒始見此書，蓋未考《吕氏春秋》已引《孝經》之語。至其據許氏《説文》所引古文《孝經》「仲尼居」無「閒」字，知古文之「仲尼閒居」爲劉炫所妄增入。據桓譚《新論》稱古文千八百七十二字，與今文異者四百餘字。今劉炫本止有千八百七字，多於今文八字。除增《閨門》一章二十四字外，與今文異字僅二十餘字。則較司馬貞之攻古文但泛稱文句鄙俗者特有根據。所定篇第雖多分裂舊文，而詮解簡明，亦秩然成理。朱子《刊誤》既不可廢，則澄此書亦不能不存。蓋至是而《孝經》有二改本矣。乾隆四十六年十二月恭校上。

總纂官臣紀昀臣陸錫熊臣孫士毅

總校官臣陸費墀

孝經定本

元 吴澄 撰

仲尼居，曾子侍。仲尼，孔子字。居，坐也。曾子，孔子弟子。曾氏，名參，字子輿，魯南武城人。子者，曾氏門人稱其師也。卑者在尊者之側曰侍。子曰：先王有至德要道，以順天下，民用和睦，上下無怨，女知之乎？女，音汝，下同。

子，孔子也。孔門諸弟子稱師曰子，諸弟子之門人稱其師則著氏以別之。此經曾氏門人所記，稱其師既冠以氏，故於其師之師，得專稱子。先王謂古先聖王。至，極也。德者，得也。要，總會也。道，猶路也。德謂己所得，道謂人所共由。蓋己之所得，人之所共由者，其理曰仁、義、禮、智，而仁兼統之。仁之發爲愛，而愛先於親，故孝爲德之至、道之要也。孝者其心有順而無逆，以孝教天下，使皆化而爲順，故曰「以順天下」。民謂庶人。上謂天子在諸侯之上，諸侯在卿大夫之上，卿大夫在士之上。下謂士在卿大夫之下，卿大夫在諸侯之下，諸侯在天子之下也。孝，順德、順道也。以順德、順道順天下者，天子也。順達於庶人，則其内之兄弟夫婦，外之比閭族黨，靡有乖争。順達於諸侯、卿大夫、士，則爲下者順事其上，而上無怨於下；爲上者順使其下，而下無怨於上。天地之間，一順充塞，九族既睦，百姓昭明，黎民於變時雍，人人親其親、長其長，而天下平，唐、虞、成周之盛也。曾子避席曰：參不敏，何足以知之？席，坐席也。曾子侍師而坐，師有問，故起，避，正席而立。敏，速也。不敏，猶言遲鈍。此辭讓而對也。子曰：夫孝，德之本也，教之所由生也。夫，音扶，下同。本，木之根，幹枝所由以生也。孝爲至德，故己之德此爲本。孝爲要道，故教人之道由此而生。復坐，吾語女。語，去聲。復，還也。夫子之言未竟，又將更端而語之，以曾子避席起立，故命之還坐而聽也。身體髮膚，受之父母，不敢毁傷，孝之始也。立身行道，揚名於後世，以顯父母，孝之終也。身總言其大，體分言其細。髮，毛髮；膚，皮膚。毁謂虧辱，傷謂破損。孝者愛親，而身者親之枝，故愛親必自愛身始。以身之百體有髮有膚，一皆父母所與也。立，樹立也。揚，傳播也。身存之時，所行者道，使吾身之名傳播於没世之後，而父母之名亦因以顯，此爲能立其身也。孝之始終，皆在此身。蓋人子之身，即父母之身，始則保其身以全所有，終則成其身以彰所自，可謂孝矣。夫孝，始於事親，中於事君，終於立身。事親者，不敢毁傷其大也，左右就養等事在其中矣。事君者，推愛親之心以愛君也。立身者，行道揚名之謂也。前言「至德要道」，蓋言在上者之孝而通乎下，「夫孝」以下二句結前意也。後言孝之始終，蓋言在下者之孝而通乎上，「夫孝」以下三句結後意也。愛親者，不敢惡於人。敬親者，不敢慢於人。愛敬盡於事親，而德教加於百姓，刑于四海。蓋天子之孝也。惡，烏路反，下同。親謂父母，不敢惡者，愛之也。人謂他人，自王宫、王族以至臣庶皆是不敢慢者，敬之也。己所得、人所效曰德教。加，被及也。百姓以國言。刑，儀法也。四海以天下言。天子之事親，在爲世子時。及爲天子，則宗廟之祭，事死如生，事亡如存，此愛敬其親也。夫愛親者，於人無不愛；敬親者，於人無不敬。推此一心，由親及疏，以天子之貴而不敢惡慢於人，則平日能盡愛敬於事親可知矣。有諸内必形諸外，近而國中，遠而天下，皆視傚之而無不愛敬其親焉。是其德教被及於百姓，儀法於四海也。在上不驕，高而不危。制節謹度，滿而不溢。高而不危，所以長守貴也。滿而不溢，所以長守富也。富貴不離其身，然後能保其社稷，而和其民人。蓋諸侯之孝也。離，力智反。驕，矜肆也。危，謂勢將隕墜。制，以刀裁物也。節如竹，度如尺度，有分限也。溢如水之溢出。保謂不亡失。社，土神。稷，穀神。凡封建列國，爲立社稷之壇壝，其君主而祭之。和謂不乖離。民謂農及工商。人謂士及府史胥徒。社稷民人，皆諸侯所受於天子，以爲國者也。位不期驕，祿不期侈。諸侯貴爲一國之主，其位之崇，如自高臨下，處之者易以危。富有一國之財，其祿之豐，如水滿器中，持之者易以溢。在臣民之上，能不自驕，則雖高不危。謂不以陵傲召禍而致卑替，所以長守其貴也。制財用之節，能謹侯度，則雖滿不溢。謂不以僭侈費財而致虛耗，所以長守其富也。諸侯位不卑替，財不虛耗，然後能長有其國，使社稷不至於失亡，而民人不至於乖離也。諸侯謂五等國君，公九命，侯、伯七命，子、男五命。非先王之法服不敢服，非先王之法言不敢道，非先王之德行不敢行。是故非法不言，非道不行；口無擇言，身無擇行；言滿天下無口過，行滿天下無怨惡。三者備矣，然後能守其宗廟。蓋卿大夫之孝也。德行、擇行、行滿，並下孟反。服合禮制曰法服。天子冕十有二旒，虞制，日、月、星辰、山、龍、華蟲六章會於衣，宗彝、藻、火、粉米、黼、黻六章繡於裳。周制，登龍於山，登火於宗彝。公自衮冕以下如王之服，其冕九旒，衣會龍、山、華蟲、火、宗彝五章，裳繡藻、粉米、黼、黻四章。侯伯自鷩冕以下如公之服，其冕七旒，衣會華蟲、火、宗彝三章，裳與公同。子男自毳冕以下如侯伯之服，其冕五旒，衣會宗彝、藻、粉米三章，裳繡黼、黻二章。孤自絺冕以下如子男之服，其冕三旒，衣會粉米一章，裳與子男同。卿大夫自玄冕以下如孤之服，其冕無旒，衣無章，裳繡黻。六冕服，並以絲爲之，玄衣纁裳。士則弁而不冕，衣裳皆無章。卿大夫於六冕服得服其一，爵弁服、皮弁服、玄冠服三等，與士同。凡服，上得兼下，下不得僭上。服，服之也。言爲世則，曰法言。道，言之也。率德而行曰德行。非法不言，法即上文所謂法言。非道不行，道即上文所謂德行。口過謂言不合法，出口有差。怨惡謂行不合道，召怨取惡。所言皆法言，則口無可揀擇之言，雖言滿天下，在己亦無口過。所行皆德行，則身無可揀擇之行，雖行滿天下，在人亦無怨惡。卿大夫立朝則接對賓客，出聘則將命他邦，故言行滿天下。三者，服、言、行也。人之相與，先觀容飾，次交言辭，後考德行。孟子言：「服堯之服，誦堯之言，行堯之行。」意與此同。首服，次言，次行者，蓋先輕而後重。是故以下申言言行而不及服者，蓋詳重而略輕，下文又以「三者備矣」總結之也。祭法，卿大夫立三廟。「宗」字，門中有示，廟之名也。寢之前屋有東西廂者曰廟。卿大夫謂王朝侯國之臣。王之卿六命，大夫四命。公、侯、伯之卿三命，大夫再命。子、男之卿再命，大夫一命。資於事父以事母，而愛同；資於事父以事君，而敬同。故母取其愛，而君取其敬，兼之者父也。故以孝事君則忠，以敬事長則順。忠順不失，以事其上，然後能保其禄位，而守其祭祀。蓋士之孝也。長，貞丈反。

資，取也。取事父之道以事母，則愛同於父。取事父之道以事君，則敬同於父。蓋愛心生於所親，敬心生於所尊。母之親與父同，君之尊與父同，故一取其愛，一取其敬。惟父親尊並至，則愛敬兼隆也。士之位卑，在上有天子、諸侯爲之君，有卿大夫爲之長，皆己所當事者。孝即愛也，母至親也，故愛同於父。君則非如父與母之親也，然亦當以愛父愛母之孝而愛之。君至尊也，故敬同於父。長則非如父與君之尊也，然亦當以敬父敬君之敬而敬之。愛君爲忠，敬長爲順。忠謂盡心無隱，順謂循理無違。上謂君與長，在己之上也。

禄，所食之俸；位，所居之官。士有田禄，則得祭祀其先。故庶人薦而不祭。士無田則亦不祭，其禄位與祭祀相關。士謂王朝侯國之小臣，及卿大夫之家臣。王之上士三命，中士再命，下士一命。公、侯、伯之士一命。子、男之士不命。用天之道，分地之利，謹身節用，以養父母。此庶人之孝也。養，羊尚反。道謂四時之行。因天之生長收藏而耕耘斂穫各順其時，用天道也。利謂五土之宜。因地之沃衍隰皋而稻粱黍稷各隨所宜，分地利也。生財有道而又謹慎其身，不爲非僻，不犯刑戮，用財有節，量入爲出，以給父母之衣食，俾無闕供也。庶人謂王畿國都家邑之民。故自天子至於庶人，孝無終始，而患不及者，未之有也。孝之終謂立身，孝之始謂事親。孝無終始，謂不能事親立身也。患，禍難也。不能事親立身，則禍難必及之，甚則天子不能保其天下，諸侯不能保其國，卿大夫不能保其家，士庶人不能保其身也。

右經一章。凡四百二字。朱子曰：「此夫子、曾子問答之言，而曾氏門人之所記也。疑所謂《孝經》者，其本文止如此，其下則或者雜引傳記以釋經文，乃《孝經》之傳也。竊嘗考之，傳文固多傅會，而經文亦不免有離析增加之失。顧自漢以來，諸儒傳誦，莫覺其非，至或以爲孔子之所自著，則又可笑之尤者。蓋經之首，統論孝之終始，中乃敷陳天子、諸侯、卿大夫、士、庶人之孝，而其末結之曰：『故自天子至於庶人，孝無終始，而患不及者，未之有也。』其首尾相應，次第相承，文勢聯屬，脉絡通貫，同是一時之言，而後人妄分以爲六、七章，又增『子曰』及《詩》《書》之文以雜乎其間，使其文意分斷間隔。故今定此六、七章者合爲一章，而删去引《書》引《詩》及『子曰』字，以復經文之舊。其傳文之失，又别論之如左。」澄謂以上經文，朱子合其離析，去其增加，以復於舊，既得之矣。然細味之，則與《大學》經文純是聖言者，頗覺不侔。「終於立身」下敷陳五孝，語辭體段各異，似非同出一時。諸侯、卿大夫、士三節尤爲繁複，疑亦有掇取他書，附會其間者。但自末周、先秦時已有之，蓋如《二記》《三傳》所載聖言，雖皆出於七十子之後，而所傳所聞不無失實失當者爾。

古文「居」上有「閒」字，按許慎《說文》所引古文無。「侍」下有「坐」字，按居即坐也，與上句義重。《禮小戴記》云：「仲尼燕居，子張、子貢、子游侍。」「孔子閒居，子夏侍。」《大戴記》云：「孔子閒居，曾子侍。」並無「坐」字。此經與彼所記當爲一例。「先王」上有「參」字，「德之本」「教之所由生」「蓋天子之孝」「所以長守貴」「所以長守富」「蓋諸侯之孝」「蓋卿大夫之孝」「蓋士之孝」「此庶人之孝」九句之末並無「也」字。「禄位」作「爵禄」。「分地」作「因地」。「故自天子」下有「已下」字，依《大學》經文例，亦不應有。凡此，疑皆僞稱得古文者妄增減改易，以異於今文，故今所定悉從今文。

子曰：昔者明王事父孝，故事天明；事母孝，故事地察。此言孝之推也。王者事父母於宗廟而孝，故事天地於郊社亦明察也。蓋事天如事父，事地如事母，能事父母，則知所以事天地矣。明察謂於其禮、其義能精審也。長幼順，故上下治。長，貞丈反。此言悌之推也。悌於家而長幼之序順。故自國至天下，皆興悌而上下之分不亂也。故雖天子，必有尊也，言有父也；必有先也，言有兄也。申上文長幼順之義，謂雖天子之貴，亦必有長；所當尊者諸父，所當先者諸兄也。父兄皆祖考之胤，孝於祖考，則悌於父兄矣。禮，國君燕族人，與父兄齒。天子之禮未聞。宗廟致敬，不忘親也。脩身慎行，恐辱先也。行，下孟反。申上文事父孝、事母孝之義。致，推之至極也。謂天子宗廟之祭，極盡其敬者，不忘其親也。謂之親者，視如生存也。此事親之孝。平居脩身、謹慎所行者，恐辱其先也。謂之先者，念所本始也。此立身之孝。祭時知所以事親而平日不知所以立身，亦未得爲孝也。宗廟致敬，鬼神著矣。天地明察，神明彰矣。致敬於宗廟，則父母之鬼神著矣。著猶《祭義》「致慤則著之」。著，如見所祭也。明察於郊社，則天地之神明彰矣。彰謂「微之顯」，「洋洋乎如在其上，如在其左右」也。人鬼而曰神者，言雖屈而伸也。天地之神而曰明者，言雖幽而顯也。惟祭者極其誠敬，故如此。孝弟之至，通於神明，光于四海，無所不通。弟亦作悌，後並同。通謂感格而無隔礙，光謂變化而有光輝。由宗廟事父母之孝，充之以事天地，而神明彰。此孝之至而通於神明也。由一家長幼順之悌，充之以治國、平天下，而上下治。此悌之至而光于四海，無所不通也。《詩》云：「自西自東，自南自北，無思不服。」《詩・大雅・文王有聲》之篇引之，以證無所不通之義。思，語辭。

右傳之首章。凡百九字，釋「先王有至德要道」。由一念而感神明，至德也；由一家而達四海，要道也。朱子曰：「此有格言焉。」舊本今文次第十一章後，古文次第五章後。朱子謂：「當次第十章後，第十一章前。」今詳此章，文理精深，正釋「至德要道」之義；其曰「昔者明王」云者，釋經文「先王」字也，當爲傳之首章。「天地明察，神明彰矣」八字，錯簡在「故雖天子」之上。今詳「故」字承上起下，申説上文「長幼順」之義，而「宗廟致敬」乃申説章首「事父孝」「事母孝」之義，「天地明察」則因章首「事天明」「事地察」而言，「著矣」「彰矣」二句文法協比，不應間隔；下文「通於神明」又承「神明彰矣」一句而言，如此辭意方屬。

子曰：昔者明王之以孝治天下也，不敢遺小國之臣，而況於公侯伯子男乎？故得萬國之懽心，以事其先王。以孝治天下，謂天子能孝於先王，而推其愛敬於一家、一國以及天下之萬國也。遺，謂忘之而不省録。小國之臣謂子、男之卿大夫。子、男五十里爲小國，伯七十里爲次國，公、侯百里爲大國。公、侯、伯、子、男，五等國君也。萬國通五等君臣而言。小國之臣且不遺，則其君之爲子、男，與夫大於子、男而爲公、侯、伯者，有以得其懽心可知矣。如是乃所以事其先王也。蓋能孝於先王，然後能推之以及天下而得萬國之懽心，否則，是其〔一〕所以事先王者有未至也。天子無生親可事，故以事其先王爲孝。治國者，不敢侮於鰥寡，而況於士民乎？故得百姓之懽心，以事其先君。治國以孝治其國也。謂諸侯能孝於先君，而推其愛敬於一家以及一國之百姓也。侮謂忽之而不矜恤。鰥老而無妻，寡老而無夫，民之窮者。士則民之秀也。百姓通士民、鰥寡而言。窮民且不侮，則凡衆民與夫秀於民而爲士者，有以得其懽心可知矣。如是乃所以事其先君也。蓋能孝於先君，然後能推之以及一國而得百姓之懽心，否則，是其所以事先君者有未至也。諸侯亦無生親可事，故以事其先君爲孝。或曰：子謂天子、諸侯無生親可事，獨無母存者乎？曰：聖人立言，舉尊以包卑。故上章及此章與《中庸》論武王、周公，皆以宗廟事死之孝而言，若有母存，則事生之孝固在其中矣。治家者，不敢失於臣妾，而況於妻子乎？故得人之懽心，以事其親。治家以孝治其家也。謂卿大夫能孝於親，而推其愛敬於一家之人也。失，謂不得

〔一〕「其」原作「則」，據《孝經總類》本、《通志堂經解》本改。

其心。臣妾，家之賤者；妻子，家之貴者。人通妻子、臣妾而言。於臣不失，則子可知；於妾不失，則妻可知。如是乃所以事其親也。蓋能孝於父母，然後能推之於一家之人而得其懽心，否則，是其所以事親者有未至也。

夫然，故生則親安之，祭則鬼享之。是以天下和平，災害不生，禍亂不作。故明王之以孝治天下也如此。夫，音扶。

親安，指事親者而言。鬼享，指事先君、先王者而言。享、饗通，謂歆享其祭也。舉天下則國家在其中。和平謂各得懽心，而無有乖戾偏頗也。天災之甚者爲害，人禍之甚者爲亂。由鬼享而上達，則天道順而無災害；由親安而下達，則人道順而無禍亂。此以孝治天下之極功也。

《詩》云：「有覺德行，四國順之。」行，下孟反。

《詩·大雅·抑》之篇。覺，大也。大德行即謂至德要道。四國順之，謂東西南北四方之國，皆興於孝而爲順也。

右傳之二章。凡百四十二字，釋「以順天下，民用和睦，上下無怨」。以孝治者，順天下也。得懽心者，和睦無怨也。朱子曰：「此言雖善，而非經文正意。蓋經以孝而和，此以和而孝。」澄謂此傳正是發明經中以孝而和之旨。所謂「以事先王」「以事先君」

「以事親」者，言已有是孝，愛敬一念，由親及疏，由尊及卑，上下兩間，同乎一順，故家國天下，無一不得其懽心。未有不得於親而能得於人者。孝之效驗至此，乃所以見其事先、事親之孝云爾，非謂先得他人之懽心，而後以之事其先、事其親也。舊注以爲得彼懽心以助祭享、助奉養，蓋害於辭而失其意。朱子亦牽於舊注之説故云。舊本次第四章後。古文「不敢失」作「不敢侮」，「如此」上無「也」字。

曾子曰：敢問聖人之德，無以加於孝乎？子曰：天地之性，人爲貴。人之行，莫大於孝。行，下孟反。性者，人物所得以生之理。行者，人之所行也。人物均得天地之氣以爲質，均得天地之理以爲性。然物得氣之偏而其質塞，是以不能全其性。人得氣之正而其質通，是以能全其性，而與天地一。故得天地之性者，人獨爲貴，物莫能同也。性之仁、義、禮、智統於仁，仁之爲愛先於親，故人率性而行，其行莫大於孝也。孝莫大於嚴父，嚴父莫大於配天，則周公其人也。昔者周公郊祀后稷以配天，宗祀文王於明堂以配上帝。是以四海之内，各以其職來祭。夫聖人之德，又何以加於孝乎？夫，音扶。此又因孝之大而推言之。嚴，尊也。謂孝固大矣，然孝之事不一，而莫大於尊其父；尊其父之事亦不一，而莫大於天子之禮，祀其父以配天。然得遂此心、盡此禮者，惟周公而已，故曰「周公其人」。蓋自武王有天下之後，周公始制此禮，以尊其父文王也。郊者國門之外，宗者文王之廟。天子七廟：祖廟一，昭廟三，穆廟三。祖廟百世不毁，昭、穆六世後親盡則祧。其有功德當不祧者謂之宗。武王、成王時，文王居穆之第三廟。康王、昭王時，文王居穆之第二廟。穆王、共王時，文王居穆之第一廟。懿王時，文王親盡，在三穆之外，以其不當祧也，故以穆廟北別立一廟以祀文王，是名爲宗，不在七廟之數。穆王以前，文王雖未別立廟，遞居三穆廟中，然即其所居之廟，亦名爲宗。蓋初祔廟時，已定爲百世不祧之宗故也。明堂者，廟之前堂。凡廟之制，後爲室，室則幽暗；前爲堂，堂則顯明，故曰明堂。享人鬼尚幽暗，則於室；祀天神尚顯明，故於堂也。上帝即天也，祀之於郊，則尊之而曰天；祀之於堂，則親之而曰帝。冬至，於國門外之南郊築壇爲圜丘祀天，而以始祖后稷配；季秋，於文王廟之前堂祀帝，而以文王配。后稷封於邰，周家有國之始；文王三分天下有其二，周家有天下之始。故以后稷配天，文王配帝也。此禮一定，而周公之父世世得配天帝，此周公所以獨能遂其嚴父之心也。然亦因其功德，禮所宜然，非私意也。四海之内，謂四方諸侯。其職，謂土物之貢。來祭，來助祭也。玉山汪氏嘗疑「嚴父配天」之文非孔子語，陵陽李氏曰：「此言周公制禮之事爾。猶《中庸》言『周公成文、武之德，追王大王、王季』也。周公制禮，成王行之，自周公言則嚴父，成王則嚴祖也。謂嚴父，則明堂之配當一世一易矣，豈其然乎？」司馬公曰：「周公制禮，文王適其父，故曰『嚴父』，非謂凡有天下者皆當以父配天。孝子之心，誰不欲尊其父，禮不敢踰也。」祖已曰：「祀無豐於昵。」孔子論孝亦曰：「祭之以禮。」漢以高祖配天，光武配明堂。文、景、明、章，德業非不美，然不敢推以配天。近世明堂皆以父配，此乃誤識《孝經》之意，違先王之法，不可以爲法也。

右傳之三章。凡九十六字，釋「德之本」。朱子曰：「此因論武王、周公之事而贊美其孝之辭，非謂凡爲孝者皆欲如此也。況孝之所以爲大，自有親切處，而非此之謂乎！若必如此而後爲孝，則是使爲人臣子者皆有今將之心，而反陷於大不孝矣。讀者不以文害意焉可也。」舊本今文連第七章爲一章，朱子從古文離爲二章。古文「無以加於孝」上有「其」字，「來」下有「助」字。

曾子曰：甚哉，孝之大也！子曰：夫孝，天之經也，地之義也，民之行也。天地之經，而民是則之。夫，音扶。行，下孟反。經，如布帛在機之直縷條理一定者也。義，裁制得宜者也。則，效法也。蓋孝者，天地之理，民效法而行之。既分言天經地義，又總言天地之經，則義在其中矣。則天之明，因地之義，以順天下。是以其教不肅而成，其政不嚴而治。上文言民以天地之理而爲行，此言聖人以天地之理而爲教也。明理之顯著者，即所謂經也。因，遵依也。教者，化誨而使之效；政者，勸進而使之正也。肅言其聲容，嚴言其法令。信從其教之謂成，服從其政之謂治。

右傳之四章。凡六十字，釋「教之所由生」。朱子曰：「《春秋左氏傳》載子太叔爲趙簡子道子産之言曰：『夫禮，天之經，地之義，民之行也。天地之經，而民實則之。則天之明，因地之性。』其下陳天明、地性之目，與其所以則之、因之之實，然後簡子贊之曰：『甚哉，禮之大也！』此易『禮』字爲『孝』字，而文勢不若彼之通貫，條目不若彼之完備。明此襲彼，非彼取此也。」舊本次經後，朱子次第六章後。古文「經」「義」「行」下無「也」字。

「因地之義」，今文「義」作「利」，此一字定從古文。章末舊有六十九字，朱子删去。

子曰：君子之教以孝也，非家至而日見之也。教以孝，所以敬天下之爲人父者也；教以弟，所以敬天下之爲人兄者也；教以臣，所以敬天下之爲人君者也。以孝教天下之人者，不待各至其家、日見其人而諭之，但上所行、下自效之耳。孝施於兄則爲弟，施於君則爲臣，同一順德也。上之人躬行孝、弟、臣以教，則天下之人無不效之，而各敬其父、兄與君。是上之人自敬其父、兄、君者，乃所以敬天下之爲人父、爲人兄、爲人君者也。邢氏曰：「案《祭義》：祀明堂，所以教孝；食三老五更，所以教弟；朝覲，所以教臣；祭帝稱臣，亦以身率下也。」《詩》云：「豈弟君子，民之父母。」非至德，其孰能順民如此其大者乎！豈，苦在反。弟，待禮反。《詩·大雅·泂酌》之篇。豈，樂也。弟，易也。躬行孝、弟、臣之德者，樂易之君子也。人皆效之，而各敬其父、兄與君，是足以爲民之父母，非有孝之至德，其何能達此一順之德於天下之大乎？

右傳之五章。凡八十三字，申釋「至德」「以順天下」。舊本次第六章後，朱子以次經後。古文「父者」「兄者」「君者」下無「也」字。

子曰：教民親愛，莫善於孝。教民禮順，莫善於弟。移風易俗，莫善於樂。安上治民，莫善於禮。君教以孝，則民知有親而愛其父。君教以弟，則民知有禮而順其兄。風者，上之化所及。俗者，下之習所成。移謂遷就其善，易謂變去其惡。安謂不危，治謂不亂。由父子之和，而被之聲容以爲樂，則氣體調暢而無有乖戾，所以風隨上而遷、俗自下而變也。由長幼之序，而著之節文以爲禮，則名分森嚴而無有陵犯，所以爲上者不危、爲民者不亂也。禮者，敬而已矣。故敬其父，則子悦；敬其兄，則弟悦；敬其君，則臣悦；敬一人，而千萬人悦。所敬者寡而悦者衆，此之謂要道也。又承上文「禮」字而言。禮之實不過敬而已。居上者自敬其父兄君，則下之爲人子、爲人弟、爲人臣者效之，各皆歡悦以事其父、兄、君矣。夫上之自敬其父、兄、君也，所敬者不過一人，若是其寡也；下效之而和悦於其父、兄、君者，乃至千萬人焉，若是其衆也。此所以爲道之要。悦者，深愛和氣愉色婉容之謂。上所教者，言敬而不言愛；下所效者，言愛而不言敬。互文以見也。

右傳者六章。凡八十一字，申釋「要道」「民用和睦，上下無怨」。舊本次第八章後。古文「要道」下無「也」字。

子曰：父子之道，天性也，君臣之義也。父慈子孝，乃天性之本然。父尊子卑，又有君臣之義，亦天分之自然也。朱子曰：「『君臣之義』之下當有脱簡，不能知其爲何字也。」父母生之，續莫大焉。君親臨之，厚莫重焉。人子之身，氣始於父，形成於母，其體連續，是爲至親，無有大於此者。「家人有嚴君焉，父母之謂也。」既爲我之親，又爲我之君，而臨乎上，其分隆厚，是爲至尊，無有重於此者。故親生之膝下，以養父母日嚴。聖人因嚴以教敬，因親以教愛。養，羊尚反。親生之而在膝下，一體而分，戀慕相親，自有愛心。及孩幼漸長，奉養父母，日益尊嚴，自有敬心。聖人因其固有而教之耳。故不愛其親而愛他人者，謂之悖德；不敬其親而敬他人者，謂之悖禮。聖人之教不肅而成，其政不嚴而治，其所因者本也。愛敬之心皆由親而推以及人，不愛敬其親而以愛人爲德、敬人爲禮，則悖矣。悖，薄對反。悖，逆也。由本及末爲順，捨本趨末爲逆。

右傳之七章。凡百一字，申釋「德之本，教之所由生」。朱子曰：「此皆格言。」

舊本古文次第三章後，今文無章首「子曰」字，而連第三章爲一章。「故親生」至「以教愛」二十四字，在「聖人之教」上，而上屬第三章「何以加於孝乎」之下。「聖人之教」至「本也」二十字，在「以教愛」下，而下屬章首「父子之道」之上。朱子姑從古文，分在第三章，而謂其文不屬，以今文連此章者爲是。澄按：此兩節合在此章，但文失其次。《漢藝文志》引此云：「『父母生之，續莫大焉，故親生之膝下』，諸家説不安。」蓋當時編簡猶未錯亂。今考而正之，則文屬而意完矣。古文「之道」「之義」下無「也」字，「不愛其親」上無「故」字，有「子曰」字而別爲一章。章末舊有九十二字，朱子删去。

子曰：孝子之事親也，居則致其敬，養則致其樂，病則致其憂，喪則致其哀，祭則致其嚴。五者備矣，然後能事親。養，羊尚反，下同。樂，音洛。喪，平聲。居，謂父母閒居無事之時。養，謂進飲食時。居、養、病皆事生，喪、祭皆事死。敬、樂、憂、哀、嚴，各於其時，務盡其極也。事親者，居上不驕，爲下不亂，在醜不爭。居上而驕則亡，爲下而亂則刑，在醜而爭則兵。三者不除，雖日用三牲之養，猶爲不孝也。醜，衆也，爲與己同等者也。兵，謂相刃。三牲，牛、羊、豕也。事親者以身不毀傷爲孝。居人之上而矜肆以陵下，則必取滅亡。爲人之下而悖逆以犯上，則必遭刑戮。在同等之中而與之鬬爭，則必相戕殺。三者皆喪身之事，苟或不除，則親之遺體將不能保，雖日具盛饌以養親之口體，何足以爲孝？子曰：五刑之屬三千，而罪莫大於不孝。五刑，墨、劓、剕、宫、大辟也。墨之屬千，劓之屬千，剕之屬五百，宫之屬三百，大辟之屬二百，總之爲三千。刑施於有罪者，然三千條之中，不孝之罪爲最大。朱子曰：「此因上文『不孝』之云而繫於此。」要君者無上，非聖人者無法，非孝者無親，此大亂之道也。要，一遥反。要君，謂脅束之使從己。非聖人、非孝，謂人之所行非聖人之道，子之所行非孝道也。君制命於上，臣恭順於下，要君從己，是不知有上也。聖人言行爲萬世法，不學聖人是不知有法也。父母至親，不善事之，是不知有親也。無此三者，人道滅矣，故曰「大亂之道」。此因上文而言。不孝於親者，必不能事君立身。不能事君故無上，不能立身故無法，不能事親故無親。項氏曰：「『非』字與前經『非先王』之『非』同。」

右傳之八章。凡百二十八字，釋「始於事親」，末又兼及事君、立身以起下章。朱子曰：「此亦格言也。」舊本「子曰五刑」以下別爲一章。今按此乃再引夫子之言以足前意，當合爲一章。古文「孝子之事親」下無「也」字，「三者不除」上有「此」字。

子曰：君子之事上也，進思盡忠，退思補過，將順其美，匡救其惡，故上下能相親也。進，謂自私家而適公所。退，謂自公所而歸私家。盡忠，謂事有當陳者罄竭其心。補過，謂責有未塞者彌縫其闕。將，謂助之於後。順，謂導之於前。匡，謂正之於微。救，謂止之於顯。其指君而言。下以忠事上，上以義接下，故相親。

朱子曰：「『進思盡忠，退思補過』，《左傳》所載士貞子語。」澄按：宣公十二年，晉荀林父爲楚所敗，歸而請死。士貞子諫曰：「林父之事君，進思盡忠，退思補過。其敗也，如日月之食。」於是晉侯使復其位。補過，謂自補其過，非謂補君之過。邢氏曰：「韋注云：『退歸私室，則思補其身過。』」《國語》：「士朝而受業，晝而講貫，夕而習復，夜而計過。」

《詩》云：「心乎愛矣，遐不謂矣。中心藏之，何日忘之？」《詩·小雅·隰桑》之篇。遐，何通。言心乎愛君，何不形於言乎？雖不言而藏之中心，何日而忘之？蓋言之於口者，其愛淺；藏之於心者，其愛深也。

右傳之九章。凡四十九字，釋「中於事君」。舊本今文次首章後，古文次第十一章後，而下並屬第十二章之前，朱子謂次當在此。古文「君子」下無「之」字，「事上」「相親」下無「也」字。

子曰：君子之事親孝，故忠可移於君；事兄弟，故順可移於長；居家理，故治可移於官。是以行成於内，而名立於後世矣。行，下孟反。孝親、悌兄、理家，「始於事親」之事也。忠君、順長、治官，「中於事君」之事也。行，即行此三者。成，謂完備也。必可移，而後謂之成。身存而行成，故身没而名立。内對外言，後對今言。蓋行成於内則名立於外，名立於後由行成於今也。

右傳之十章。凡四十五字，釋「終於立身」。第八章釋事親，而章末兼及事君、立身；此釋立身，而章首先舉事親、事君，以見始、中、終相貫之義。舊本今文次第五章後，古文次首章後，而下有《閨門》一章，今删去，説見後。

曾子曰：若夫慈愛恭敬，安親揚名，則聞命矣。夫，音扶。孝者，曰愛、曰敬而已。愛施於下爲慈，敬見於外爲恭。生而安親者，孝之始。死而揚名者，孝之終。敢問子從父之令，可謂孝乎？子曰：是何言與？是何言與？與，平聲。孝子於親有從順而無違逆，然親有過而亦從順，則陷親於不義矣。故必下氣怡色柔聲以諫，諫若不入，起敬起孝，悦則復諫，不聽，則號泣而隨之，庶可以感悟其親也。昔者天子有争臣七人，雖無道，不失其天下。諸侯有争臣五人，雖無道，不失其國。大夫有争臣三人，雖無道，不失其家。争，去聲，亦作諍，下同。　争，謂諫止其非，若有争然。馮氏曰：「天子七，諸侯五，大夫三，如《書》言九德、六德、三德，特以降殺等差言爾。」真氏曰：「無道而不失天下國家者，蓋於失道必争之，雖失而旋復，所以免於危亡也。」士有争友，則身不離於令名。離，力智反。　司馬公曰：「士無臣，故以友争。」父有争子，則身不陷於不義。此通庶人而言。故當不義，則子不可以不争於父，臣不可以不争於君。故當不義則争之，從父之令，又焉得爲孝乎？焉，於虔反。

右傳之十一章。凡百四十三字，廣經中五孝之義，言天子、諸侯、卿大夫、士、庶人皆當有過則諫，非徒從順而已。朱子曰：「此不解經，而别發一義。」　古文「則聞命矣」，「則」作「參」，「敢問」下無「子」字。

子曰：孝子之喪親也，喪，平聲。《書》云：「百姓如喪考妣。」《禮記・檀弓》

云：「夫子之喪顔淵，若喪子而無服。喪子路亦然。請喪夫子，若喪父而無服。」「子之先君子喪出母乎？」「子夏喪其子。曾子曰：『喪爾親，使民未有聞焉。』」《曾子問》云：「喪慈母如母，禮與？」《孟子》云：「養生喪死無憾。」並平聲讀。哭不偯，禮無容，言不文，服美不安，聞樂不樂，食旨不甘，此哀戚之情也。偯，於豈反。不樂，音洛。偯，聲舂容而有餘也。《禮記·閒傳》云：「大功之喪，三曲而偯。」此父母之喪，哀痛之極。故其哭〔一〕也，氣竭而息，無復餘聲。舉措進退之禮，不修飾爲容儀。有事直致其言，不治擇成文辭。身服美衣不以爲安，故服惡衰。耳聞樂聲不以爲樂，故不聽樂。旨，味之美也。口食美味不以爲甘，故不飲酒食肉。此六者，皆孝子哀戚之真情，自然而然。三日而食，教民無以死傷生也。親死水漿不入口，三日乃食粥。蓋過三日則死，此教民無以親之死而傷子之生也。毁不滅性，此聖人之政也。喪雖哀毁，不可殞滅其性而死，必爲之節。故居喪之禮，不沐浴，不酒肉，然頭有創則沐，身有瘍

〔一〕「哭」原作「痛」，據《孝經總類》本、《通志堂經解》本改。

則浴，有疾則飲酒食肉。年五十者不致毁，六十者不毁。凡此皆聖人之政，爲民制禮節哀而全其生也。**喪不過三年，示民有終也。**孝子之於親，有終天之痛，視三年之久，猶駟之過隙，哀豈能忘哉？然遂其情，則無有窮已。故喪制，父母之喪至重，亦不過三年者，示民以有終竟之時也。**爲之棺槨、衣衾而舉之。**尸之外衣，衣之外衾，以襲以斂。衾之外棺，棺之外槨，以斂以殯。舉謂舉尸，加其上、納其中也。**陳其簠簋而哀戚之。**此言朝夕朔望之奠。簠〔一〕，盛稻粱器，外方内圓。簋，盛黍稷器，外圓内方。按《士喪禮》：朝夕奠脯醢而已，盛以籩豆。朔月殷奠，始有黍稷，盛以瓦敦。卿大夫祭禮，少牢饋食，亦止用敦盛黍稷。以《公食大夫禮》推之，竊意天子、諸侯之殷奠，乃備黍稷稻粱，而器用簠簋。此傳所云，蓋舉上而言之也。**擗踊哭泣，哀以送之。**擗，婢亦反。擗，以手擊胸也。踊，以足頓地也。哭者口有聲，泣者目有淚。此謂柩行之時送形而往，哀其不返也。**卜其宅兆，而安厝之。**卜，灼龜以視吉凶也。宅，墓穴也。兆，塋

〔一〕「簠」下原衍「簋」字，據《孝經總類》本、《通志堂經解》本删。

域也。厝，猶置也。將置柩於其處，必乘生氣，無地風、水泉、沙礫、樹根、螻蟻之屬，及他日不爲城郭、溝池、道路，然後安。卜者，決之於神也；不卜，則擇之以人。《葬書》備言其術之理，可稽焉。中州土厚水深，不擇猶可。偏方土薄水淺，凡地不皆可葬。苟非其地，尸柩之朽腐敗壞至速，與舉而委之於壑同，孝子之心忍乎？先擇後卜，尤爲謹重。所謂謀及乃心，謀及士民，而後謀及卜筮也。按《士喪禮》，筮宅卜日；大夫以上則葬日與宅兆皆用龜卜，或亦用筮。此云卜，蓋通言之。爲之宗廟，以鬼享之。初喪至葬，有奠無祭，蓋猶以人禮事之。既葬，迎精而反，乃以虞祭易奠，卒哭而祔於祖。喪畢，而遷於廟，始純以鬼禮事之。享者，祭祀人鬼之名。春秋祭祀，以時思之。既除喪，每歲四時，感時之變，思親不忘，報本反始，事之如其生存。言春秋，則包四時矣。生事愛敬，死事哀戚，生民之本盡矣，死生之義備矣。親生則事之以愛敬，親死則事之以哀戚。生死皆致其孝，然後足以盡生民之本，備死生之義。民之生也，心之德爲仁，仁之發爲愛。愛親，本也；及人，末也。故孝爲生民之本。義者，宜也。生而愛敬，死而哀戚，理所宜然，故曰「死生之義」。孝子之事親終矣。此句總結上文，言喪親之孝乃孝子事親之終事。

右傳之十二章。凡百四十三字，廣經末「終始」之義。經所謂終，指立身而言。此傳言喪親爲事親之終。朱子曰：「此亦不解經而別發一義，其語尤精約也。」古文「喪親」「之情」「傷生」「之政」「有終」五句之末并無「也」字，「傷生」下今文亦無「也」字。考之《禮記・喪服四制》篇有「也」字，爲是。

《孝經章句》曩因朱子《刊誤》校定，子文受讀。歷觀唐注、宋疏及諸家解，其説雖詳，其義亦有未明暢者，乃輯此訓釋授之，諄切卑瑣，蓋取蒙穉易曉而已。吴澄識。

刊誤經傳正文之中已悉除去朱子所塗之字，今并劉炫所增一章别録於後而備論之。

《大雅》云：「無念爾祖，聿脩厥德。」凡十一字，古文同。在經文「終於立身」下。

《甫刑》云：「一人有慶，兆民賴之。」凡十一字，古文同。在經文「蓋天子之孝也」下。

《詩》云：「戰戰兢兢，如臨深淵，如履薄冰。」凡十四字，古文同。在經文「蓋諸侯之孝也」下。

《詩》云：「夙夜匪懈，以事一人。」凡十字，古文同。在經文「蓋卿大夫之孝也」下。

《詩》云：「夙興夜寐，無忝爾所生。」凡十一字，古文同。在經文「蓋士之孝也」下。

孝也」下。

已上引《書》一，引《詩》四，朱子删去，説見前。

先王見教之可以化民也，是故先之以博愛，而民莫遺其親；陳之以德義，而民興行；先之以敬讓，而民不争；導之以禮樂，而民和睦；示之以好惡，而民知禁。《詩》云：「赫赫師尹，民具爾瞻。」凡六十九字，古文同。在傳四章「其政不嚴而治」下。朱子曰：「『先王見教之可以化民』，與上文不屬。温公改『教』爲『孝』，乃得粗通。而下之所謂『德義』『敬讓』『禮樂』『好惡』者却不相應，疑亦裂取他書之成文而强加裝綴，以爲孔子、曾子之問答，但未見其所出耳。文既可疑，而謂聖人見孝可以化民而後以身先之，於理又已悖矣。况『先之以博愛』，亦非立愛惟親之序，若之何而能使民不遺其親邪？其所引《詩》亦不親切，今並删去。」

以順則逆，民無則焉。不在於善，而皆在於凶德，雖得之，君子不貴也。君子則不然，言思可道，行思可樂，德義可尊，作事可法，容止可觀，進退可度，以臨其民。是以其民畏而愛之，則而象之。故能成其德教，而行其政令。《詩》云：「淑人君子，其儀不忒。」凡九十二字。古文「不在於善」下無「而」字，「不貴也」作「所不貴」，「政令」上無「其」字，餘並同，凡九十字。在傳七章「謂之悖禮」下。　按《春秋左氏傳·文公十八年》季文子曰：「以訓則昏，民無則焉。不度於善，而皆在於凶德，是以去之。」《襄公三十一年》衛北宮文子曰：「君有君之威儀，其臣畏而愛之，則而象之。」又曰：「君子在位可畏，施舍可愛，進退可度，周旋可則，容止可觀，作事可法，德行可象，聲氣可樂，動作有文，言語有章，以臨其下。」朱子曰：「此雜取《左傳》所載季文子、北宮文子之言，與上文既不相應，而彼此得失又如前所論子産之語，今删去。」

子曰：閨門之内，具禮矣乎！嚴父嚴兄。妻子臣妾，猶百姓徒役也。凡二十四字，今文無，古文在傳十章之後、十一章之前。　朱子曰：「因上章三『可移』而言。嚴父，孝也；嚴兄，弟也；妻子〔一〕臣妾，官也。」邢氏《正義》説已見前。今詳

〔一〕「妻子」二字原闕，據朱熹《孝經刊誤》補。

此章淺陋，不惟不類聖言，亦不類漢儒語。是後儒僞作明甚，而朱子不致疑者，蓋因温公信之而未暇深考耳。况十一章之首，作傳者承十章之末而發問，若有此章，則文義間隔，故特據《正義》之説黜之。

吴先生隱居臨川山中，大臣薦之，授文翰之職。未行，促命下，驛遣上京師。會有求爲代者，先生即南還。今年夏，次廣陵郡學，訪道諏經者日至，恒往受業焉。

恒嘗問：「《孝經》何以有今文、古文之别？」先生曰：「黄帝時，倉頡始造字。周宣王時，史籀因倉頡字更革爲大篆。秦始皇時，李斯因史籀字更革爲小篆。倉頡字謂之古文。秦人以篆書繁難，又作隸書，取其省易，專爲官府行文書而設。自此人趨簡便，習隸者衆，習篆者寡，公私通行悉是隸書。經火於秦而復出於漢，當時傳寫只用世俗通行之字。武帝時，魯共王壞孔子屋壁，得孔鮒所藏《書》《禮》及《論語》《孝經》，皆倉頡古文字。後人稱漢儒隸書傳寫之經爲今文，以相别異云爾。古文《書》孔安國獻之，遭巫蠱事，不及施行。安國没後，其書無傳。東萊張霸詭言受古文《書》，成帝時徵至，校其書，非是。《漢志》所載《武成》之辭，即張霸僞古文《書》也。東晉梅賾於伏生今文《書》外增多二十五篇，今行於世，果真孔壁所藏者乎？古文《禮》五十六篇，内十七篇與今文《儀禮》同，餘三十九篇謂之《逸禮》。鄭玄注《儀禮》《禮記》，屢嘗引用，孔穎達作疏之時猶有，後乃燬於天寶之亂。古文《論語》二十一篇，與《魯論語》《齊論語》爲三。古文《孝經》二十二章，與今文《孝經》

爲二，魏晉而後不存。隋人以今文《孝經》增減數字，分析兩章，又僞作一章，名之曰古文《孝經》，其得之也絶無來歷左驗。《隋經籍志》及唐開元時集議，顯斥其妄，邢昺《正義》具載，詳備可考。司馬温公有《古文孝經指解》，蓋温公資質重厚，於《孝經》今文尚且篤信，則謂古文尤可尊也，而不疑後出之僞。朱子識見高明，《孝經》出於漢初者尚且致疑，則其出於隋世者何足深辯也？而《刊誤》姑據温公所注之本，非以古文優於今文，而承用之也。」

恒又問：「《孝經》果何疑乎？」先生曰：「朱子云：『《孝經》出於漢初《左氏》未盛行之時，不知何世何人爲之也。』竊謂《孝經》雖未必是孔門成書，然孔鮒藏書時已有之，則其傳久矣。禮家有七十子後弟子所記，二戴《禮記》諸篇多取於彼，其間純駁相雜。公、穀、左氏等書稱道孔子之言者亦然。《孝經》殆此類也，亦七十子之後之所爲爾。中有格言，朱子每於各章注出。而《小學》書所纂《孝經》之文，其擇之也精矣。朱子曷嘗盡疑《孝經》之爲非哉？學者豈可因後儒之傅會，而廢先聖之格言也？」他日，先生之子文謂小年讀《孝經》時，先生整齊諸説，歸於至當，附入己見，補其不足，畀文肄之。恒於是借觀舊藁，就欲筆受。請於先生，先生曰：「此往年以訓穉子，不欲傳之，故未嘗示人也。」恒再三請，乃許。既得録本，而求者沓來，應之不給。同門諸友共爲鋟木，以公其傳，而所聞師説並記於其後云。大德癸卯十月甲寅朔，門人河南張恒記。

附朱鴻識語

草廬吴氏以今文、古文校其同異，附入己見。畀子文受讀，初不欲傳行於世。大德癸卯，門人張恒請梓之。張天永因宋板舊本藏爲世寶，鴻幸得之再梓，以廣其傳。

孝經問對

【元】何異孫 撰
徐瑞 點校

點校説明

《孝經問對》，何異孫撰。異孫，事跡不詳，約爲元初至元、大德間人。

是書實爲明代朱鴻自何氏所著《十一經問對》録出，收入《孝經總類》《孝經叢書》等叢書，而皆不題撰者，卷首僅有「蕭山後學陳曉參閲」字樣。《十一經問對》凡五卷，即《論語》一卷，《孝經》《孟子》《大學》《中庸》一卷，《尚書》一卷，《毛詩》《周禮上》一卷，《周禮下》《儀禮》《春秋》《禮記》一卷。其體例仿朱熹《四書或問》，以問答的形式闡述其説。其中《孝經問對》不足千言，簡述《孝經》撰述緣起、流傳源流。《經義考》著録有《十一經問對》。清《四庫全書》收入《十一經問對》，提要云其「謂《孝經》十八章次序爲唐玄宗所定，尤鑿空無據矣」，「然其閒隨文生義、觸類旁通，用以資幼學之記誦，亦不爲無益」。《藏園群書經眼録》所録舊抄本《十一經問對》盧文弨跋稱「其所訓亦有折衷儒先，擇取精當，而不唯以一家之言爲墨守者」，自有可取之處。

《十一經問對》有元刊本，書前有何氏自序，卷端題「新編十一經問對卷之幾」，今僅北京大學圖書館有藏,《中華再造善本》據以影印。另有《通志堂經解》本、《四庫全書》本,而皆失自序。本次以《孝經總類》本爲底本,以《中華再造善本》影印本《十一經問對》中《孝經問對》部分爲校本,並取《通志堂經解》本、《四庫全書》本參校。

孝經問對

蕭山後學陳曉參閲

問：孔子與曾子論孝之言，何不附《論語》，而自立一經者何？對曰：《論語》是七十二子門人所記，《孝經》止是曾子門人所記，故中間稱「仲尼居，曾子侍」。

問：曾子述孔子之言，門人記之，即自名曰「經」，如何？對曰：《史記·曾子傳》曰：「孔子以曾參通孝道，與之共著《孝經》。」此言尤其刻畫。班書《藝文志》亦曰：「夫孝，天之經也，地之義也，民之行也。舉大者言，故曰《孝經》。」就本書中自有「孝」「經」兩字而爲書名，況聖人之言乎？

問：孔子當來如何？獨與曾子説者何？對曰：曾參篤於孝，與諸子不同，故聖人因其材而篤焉。且如「孝哉閔子騫」，只是「人不間於其父母昆弟之言」一節而已，子路亦止是負米一事，子夏、子游、孟武伯亦只是問孝一番來，獨曾子能言而身踐之，所問節次條理，孔子所答婉而成章，故門人得於曾子之傳授，遂録以爲書也。

問：七十二子中，如《曾子》一書七篇，有《本孝》，有《大孝》《事父母》等篇，何言孝之詳耶？對曰：初疑此書非曾子所著，及觀董仲舒《對策》所引「尊所聞」「行所知」爲曾子言，始知爲曾子之書。《孝經》是孔、曾問答之言，此書乃曾子自著之書。《孝經》以孔子之言，故稱經；此書乃曾子之作，故列諸子。

問：經書遭焚滅之後，不審《孝經》出於何時？對曰：魯共王壞孔子舊宅，得古文《論語》《孝經》。漢文帝時，《論語》《孝經》皆置博士，則此書之出已在前矣。

問：博士者何？對曰：如今之主學教授也，博學者爲之。自設官之後，有博士江公、少府蒼、諫大夫翼奉，各以《孝經》名家。

問：《孝經序》是誰作？對曰：唐玄宗作。天寶二載，詔天下家藏《孝經》，故注及序。此所謂以孝治天下，論文章抑末矣。

問：十八章次序亦玄宗爲之否乎？對曰：天寶間所定。第逐章所引詩句多與經文不合，恐是本經博士逐章附以詩句，有孔曾答問所引者，有後儒附益者。篇章之次，則天寶也。

問：或曰《孝經》說喪禮多自《禮記》中來？對曰：《禮記》喪禮多出於漢儒，安知不自

《孝經》而出？故《孝經》之立名，聖人不過説孝之大經；而喪親一事，聖人亦不過言喪禮之大節。至於儀文度數，有待於後之人。以此見《禮記》中事爲品節，皆大經中節目也。

鴻幸得元板所刊先儒《十一經問對》，今謹録《孝經問對》于右。

夫子作《春秋》，以魯史名。至於曾子論孝，而獨名爲經。何也？蓋經者，常也。自古雍熙太和之治，率本於孝，故夫子首云「先王有至德要道」，繼云「明王以孝治天下」，謂爲帝王治平之準，萬世不易之常道也。或謂篇内有「天經」字，豈其然歟？鴻識。

孝經述注

【明】項霦 撰
李静雯 點校

點校説明

《孝經述注》一卷，明代項霦撰。霦生平事跡不詳，《四庫全書總目》據《江西通志》考證其爲浙江臨海人，洪武間爲江西按察司僉事。又按霦出臨海項氏，黄昭序云「家世業儒」，當有家學淵源。

《孝經述注》自明初成書以來，世罕見傳本，《經義考》《千頃堂書目》《明史·藝文志》未著録。清乾隆間纂修《四庫全書》，始由館臣自《永樂大典》輯出。是書前有黄昭序。卷首小引稱「舊本頗有錯簡，今從古文，更加次第訂正，略爲訓詁，以便初學」。其據古文《孝經》十八章，先列經文，其下簡要闡釋經義，章末總結主旨。原編次佚脱，第七章注文入第六章經文下，而使六章無注、七章無經。《四庫》館臣補足第七章經文，而第六章注文無可據補者，故仍闕。《四庫全書總目》稱「其所詮釋不務爲深奥之論，而循文衍義，按章標旨，詞意頗爲簡明，猶説經家之不支蔓者」。

是書自館臣輯出收入《四庫全書》後，清人輯刻叢書多次收入，版本衆多。有嘉慶間《借月山房彙鈔》本、道光間《澤古齋重鈔》本、《今古文孝經彙刻》本、清光緒《續台州叢書》本等等。此次整理，以《四庫全書》本爲底本，以嘉慶《借月山房彙鈔》本爲校本。

《孝經述注》四庫提要

臣等謹案：《孝經述注》一卷，明項霦撰。霦始末無可考，惟《江西志》載項霦浙江臨海人，洪武間爲按察司僉事，與黄昭原序所言合，當即其人也。是編用古文《孝經》本，其所詮釋不務爲深奥之論，而循文衍義，按章標旨，詞意頗爲簡明，猶説經家之不支蔓者。《明史·藝文志》不著録，朱彝尊《經義考》亦不載其名，惟《永樂大典》僅存此本。然編次佚脱，以第七章注文入第六章經文下，遂使六章無注，七章無經。今以所佚經文按古文原本補入，所佚注文則世無别本，無從葺完矣。以其沉埋蠹簡之内三百餘年，世無能舉其名者，今幸際昌期，發其光耀，亦萬世一時之遭際。故特采掇出之，俾聞於後，不以殘缺而廢焉。

乾隆四十六年九月恭校上

總纂官臣紀昀　臣陸錫熊　臣孫士毅

總校官臣陸費墀

孝經述注原序

欽惟聖明天子，應天啓運，肇造區寓，薄海内外，靡不臣順。首建宗廟，報本追遠，蓋將以孝治天下，爲子孫帝王萬世之業也。嗚呼盛哉！于是内設臺憲以振風紀，外置察司以糾奸慝，法至密矣。

江西爲大藩府，物盛人衆，獄訟繁滋。彰善癉惡，樹之風聲，非學有經術、廉慎明察者不足以與兹選。己酉冬，乃命安君智來爲憲副，項君霦、郭君永錫共僉憲事，受命陛辭，玉音懇惻，其所付任不亦重乎？安君舊歷顯仕，有學有猷。郭君由神童擢科第，累任繁劇。項君家世業儒，隱居十有餘載，克承父志，著書立言，其經濟之資蓋可想見矣。余以盲病告老寓洪，三君之來也，迺不鄙而枉顧焉。耳其言，挹其氣，雍容端重，意藹如也。他日，憲從事劉君鼎承憲副之意而致辭曰：「項君之述作固多，難以悉舉。今姑取其集書内《孝經注》一編，將廣其傳，蓋樂其有關于治道也。敢祈一言以冠之。」余不得辭，乃爲之言曰：

孝，百行之原，行仁之本也。德修于身，教成家國而化行乎天下，此自然之理也。故夫子稱舜爲大孝，而武王、周公爲天下之達孝。然則帝王之治孰有加於孝乎？漢文置《孝經》博士，幾致刑措。唐太宗以孝弟設科，而死囚歸獄。氣象雖殊，理一而已。後世教化不明，彝倫攸斁，民之犯法也，非出於不知，則出於不幸。不揣其本，一切以法繩之，刑政日紊，民乃不堪，是以治日常少而亂日常多也。

近草廬吳公以《孝經》分經傳、正訛闕，爲是書之旨粲然明白。今項君又爲之注，正與吳公互相發明，其亦可謂勤已。君以觀風行部，所以發其所用之學，迨將信而有徵。安君又將鋟梓以播之，使江西之民家有是書、人有是德，悖慢之俗除，禮樂之習興。所謂振風紀者，將於是乎在。由是推之天下四海，人人有士君子之行，則堯舜三代之治必將權輿於此。其於聖天子孝治天下之心，顧不韙歟！昭既慕項君學術之正，復嘉憲副公與人爲善之美，於是乎書。前提刑按察使副使臨川黃昭序。

孝經述注

明 項霦 撰

此書孔子傳道與曾子本旨，初言孝之綱領始終，及天子、諸侯、卿大夫、士、庶人之孝，中復次第申言，以紬繹其義，末言臣子及天下之通孝以終焉。曾子門人記録，尊之曰經，凡十有八章。舊本頗有錯簡，今從古文，更加次第訂正，略爲訓詁，以便初學。

仲尼閒居，曾子侍坐。子曰：參，先王有至德要道，以順天下，民用和睦，上下無怨，女知之乎？曾子避席曰：參不敏，何足以知之？

孔子有聖德而無其位，知道不行，故于閒居啓發問端，欲以古聖王相傳之道授于曾子。曾子儆悟，即離席拱聽，敬受其旨。與《大學》《中庸》《論語》篇首所記略同。四書皆孔門傳授，若合符節，真萬代不刊之典，嗚呼至哉！蓋自太初，一元之氣包含真性，性即理也,以其天賦與人得之,具于心而不失,故曰「德」。「至」者,極至無以加尚之稱。以其循率此德性而行,若由大路然,故曰「道」。「要」者,總要不紊之謂。道德名二而理一,聖人因人心本然自有之德性、道理以順天下,父子、君臣、夫婦、長幼、朋友上下和睦無怨,皆由孝道始。

子曰:夫孝,德之本,教之所由生。復坐,吾語女。

五常之中,仁爲心德總要,而主慈愛。愛莫大于愛親,故孝爲德性之根本。至于立政教以化治天下,皆由教道出。然「德」「教」二字,雖總括一書之綱領,而其節目非一言可盡。故令曾子還坐而語之,如下文諸章所云。

身體髮膚,受之父母,不敢毁傷,孝之始也。立身行道,揚名於後世,以顯父母,孝之終也。

謹守本分,保全承受父母生育之遺體,此孝道之有始也。明自己德性,至于成立,及措諸事業,揚名顯親,此孝道之有終也。

夫孝,始於事親,中於事君,終於立身。《大雅》云:「無念爾祖,聿修厥德。」

此通結上文孝道始終之義。蓋事親、事君，皆本然之德性，能修其德則能立身矣。故引《詩》言：豈不思念爾祖父，遂修厥德，以光顯之乎？勉其及時立身也，而戒其無或失德以忝厥祖之意，亦見于言表矣。古人語多引《詩》，斷章取義，通而不固，優游詠歌，使自得之，故其感人也深。後凡引《詩》放此。

右第一章，言孝之綱領始終。

子曰：愛親者，不敢惡於人。敬親者，不敢慢於人。愛敬盡於事親，而德教加於百姓，刑于四海。蓋天子之孝。《甫刑》曰：「一人有慶，兆民賴之。」

君王身爲百姓標準，盡人倫之至，可以建皇極，自然上行下效，使人人皆克愛敬其親，即由己之不惡不慢所推。「老吾老以及人之老，幼吾幼以及人之幼」，此之謂也。不言郊祀者，蓋謂德教廣被，措時雍熙，天地宗廟，百神咸享可知。復申于第十六章，合而觀之，其義備矣。又引《書》言：天子一人有大福慶，則被于四海。萬姓咸承恩托蔭，以遂其生育教誨之樂。而拳拳諷諫之意，亦見于言表，云：或失德無道，則亂亡相尋，民罹其禍患，父母妻子不能相保全，尚何賴焉？君天下者宜鑒于兹。

右第二章，言天子之孝。

子曰：在上不驕，高而不危。制節謹度，滿而不溢。高而不危，所以長守貴。滿而不溢，所以長守富。富貴不離其身，然後能保其社稷，而和其民人。蓋諸侯之孝。《詩》云：「戰戰兢兢，如臨深淵，如履薄冰。」

古公、侯、伯、子、男，皆一國之君，自封建廢，今爲方伯牧守矣。諸侯列爵分土，富貴隨身，能守法不驕，斯可長保也。社，土神；稷，穀神。土穀養民，故凡建國，則立壇祀之，與國存亡。不及宗廟者，舉重而言。引《詩》以寓儆戒，戰兢、臨深、履薄，皆不敢荒寧放逸之意。所以喻富貴之難保，凛然可懼。然其善保封疆，福及子孫，永享其安樂者，亦可見矣。

右第三章，言諸侯之孝。

子曰：非先王之法服不敢服，非先王之法言不敢道，非先王之德行不敢行。是故非法不言，非道不行。口無擇言，身無擇行。言滿天下無口過，行滿天下無怨惡。三者備矣，然後能守其宗廟。蓋卿大夫之孝也。《詩》云：「夙夜匪懈，以事一人。」

卿大夫在朝執政之官，凡服御名器皆服類，凡議論文辭皆言類。得于心曰德，措諸事曰行。三者皆當謹守法度，不敢踰越禮分。其間言行不待選擇，自無差失，不敢怨憎，可見其執德不回，守法無二矣。引《詩》戒儆而言：其早夜之弗遑寧居者，以見其所思所爲，莫非忠君報國之事也。

右第四章，言卿大夫之孝。

子曰：資於事父以事母，而愛同；資於事父以事君，而敬同。故母取其愛，而君取其敬，兼之者父也。故以孝事君則忠，以敬事長則順。忠順不失，以事其上，然後能保其禄位，而守其祭祀。蓋士之孝也。《詩》云：「夙興夜寐，無忝爾所生。」

資，取也。士有禄位之人，事母非不敬也，而愛心爲重；事君非不愛也，而敬心爲重。或謂卿大夫、士之孝，何以異乎。蓋古人由始仕至命爲大夫、爲卿，自有次第，故知卿大夫先爲士時，已行士之孝，士後爲卿大夫亦然。合而觀之，其意備矣。引《詩》儆勉其動静思爲之間循率德義，以不忝祖父爲心也。

右第五章，言士之孝。

子曰：用天之道，因地之利，謹身節用，以養父母。此庶人之孝也。故自天子已下至於庶人，孝無終始，而患不及者，未之有也。

右第六章，言庶人之孝。按第六章原本脱去注文，今仍舊。第七章原本脱去經文，今補入。

子曰：君子之教以孝也，非家至而日見之也。教以孝，所以敬天下之爲人父者。教以弟，所以敬天下之爲人兄者。教以臣，所以敬天下之爲人君者。《詩》云：「豈弟君子，民之父母。」非至德，其孰能順民如此其大者乎？

使各親其親，各長其長，猶己孝敬之也。故引《詩》優游涵泳其至德，而復嘆美其盛大如此。

右第七章，申言「至德」。

子曰：教民親愛，莫善於孝。教民禮順，莫善於弟。移風易俗，莫善於樂。安上治民，莫善於禮。

孝、弟、禮、樂，教民之要道，四者皆本乎人心自有之德性，而非外也。其見於親愛曰孝，見於恭順曰弟，見於敬讓曰禮，見於和平曰樂，又施之於事君曰忠，治民曰政，罰其不率教曰刑，以至於酬應萬變，亦何莫非此道之妙用者乎？

禮者，敬而已矣。故敬其父則子悦，敬其兄則弟悦，敬其君則臣悦，敬一人而千萬人悦。所敬者寡而悦者衆，此之謂要道也。

禮主敬，樂主和。惟其敬己之父兄君長有限，此禮之所以行也。自然天下之子弟臣衆各敬其親長，人心和悦，則樂之所由生也。所敬者至簡，人感化悦從者至多，非要道而何？

右第八章，申言「要道」。

曾子曰：甚哉，孝之大也！子曰：夫孝，天之經，地之義，民之行。天地之經，而民是則之。

曾子于是聞至德要道之藴奥，而嘆美孝道之大。故夫子復申明以順天下、和睦無怨之義以告之。經，常也。義，宜也。孝乃天地恒常合宜之理，具於人心，順奉以行，此道貫三才之妙也。

則天之明，因地之義，以順天下，是以其教不肅而成，其政不嚴而治。

變經言明者，以見德性，是天之明命。聖人依天地明命、恒常合宜之道理，順天下民心本然自有之德性，以設教立政。是故不加威猛而致治平，因以見道德本心之所自有。先王順之，無拂焉爾，非加作爲以强民之所無也。

先王見教之可以化民也，是故先之以博愛，而民莫遺其親；陳之以德義，而民興行；先之以敬讓，而民不争；道之以禮樂，而民和睦；示之以好惡，而民知禁。《詩》云：「赫赫師尹，民具爾瞻。」

此詳言上文法天地、順民心、施政教之事。教即孝之道，道雖一而感化各因其類。博愛爲仁之用，天子君萬邦，所及者廣，故以身先之，而萬民莫不興孝也。德義即天命之性，聖王因人心所自有者布諸政事，故曰「陳」。民皆感化循率而行，則爲「興行」矣。敬讓爲禮之用，和睦爲樂之本。禮樂之感化上下，安定風俗，丕變不争，即和睦矣。又上之好善也，有尊賢任能爵賞之政焉；其惡惡也，有簡不率教及怙終之刑焉，所以示勸懲也。凡此，皆不過法天地以躬行于上，順民心以施教于下而已。後世之爲政者，不本諸德義，己先無博愛、敬讓、禮樂、好惡之實，乃强飾文具陳之、道之、示之，而欲民之興行孝弟、不争、和睦，勸善懲惡，難矣乎！故引《詩》以寓警戒之意。師尹，牧長之官，王所任以施教于民者也。

右第九章，申言「以順天下」。

子曰：昔者明王之以孝治天下也，不敢遺小國之臣，而況於公、侯、伯、子、男乎？故得萬國之驩心，以事其先王。

遺，猶失也。以天子之尊，接見小國之陪臣，且不敢失其驩心，則于五等國君，朝覲燕享，禮儀交接，其恩意之厚爲何如！

治國者不敢侮於鰥寡，而況於士民乎？故得百姓之驩心，以事其先君。

無妻曰鰥，無夫曰寡，無父曰孤，無子曰獨，皆謂窮民。以諸侯之貴，且不敢侮慢而施恩焉，則其禮遇撫愛士民之厚，從可知矣。

治家者不敢失於臣妾，而況於妻子乎？故得人之驩心，以事其親。

臣妾，家臣婢僕也。以家主之嚴御賤隸，猶不敢失其驩心，則于妻子恩義之重，不言而喻。

夫然，故生則親安之，祭則鬼享之。是以天下和平，災害不生，禍亂不作。故明王之以孝治天下也如此。《詩》云：「有覺德行，四國順之。」

此結上文以孝治天下國家之效驗。其發明道心之至和，何其深切著明也與。至是，豈惟親安鬼享而措時于春風和氣中，無一物不得其樂，然後知孝之功用如此，故引《詩》歌詠之。覺，大也。

右第十章，申言「民用和睦，上下無怨」。

曾子曰：敢問聖人之德，其無以加於孝乎？子曰：天地之性，人爲貴。人之行，莫大於孝。

曾子至是聞天下和睦之效，知孝之德性無以加尚而質問焉。故孔子復次第申明德教本原，及孝道始終之義以告之。夫陰陽五行之理氣循環，四時以行化育。凡生類之有性情者，皆本乎天地之情性，其間最貴者爲人，禀五常之全德于心，而仁爲總要。蓋親愛之情自仁中出，故孝爲百行之原，莫有大于此者。

孝莫大於嚴父，嚴父莫大於配天，則周公其人也。昔者周公郊祀后稷以配天，宗祀文王於明堂以配上帝。是以四海之内，各以其職來助祭。夫聖人之德，又何以加於孝乎？

承上文推言聖王孝道無以加尚之事。昔周公制禮，知其祖后稷、父文王之德同乎天，故于郊祀、明堂推以配天、配上帝，以盡其尊祖嚴父之意。非謂歷代天子之祖父無功德者皆可推以配天、配上帝，然後爲孝之大也。天以造化之自然而言，帝以造化之主宰而言，其實一也。

故親生之膝下，以養父母日嚴。聖人因嚴以教敬，因親以教愛。

聖人之教不肅而成，其政不嚴而治，其所因者本也。

上文既極言孝之大，此承嚴父之義，復推原孝爲德之本。云孩提之童，無不知愛其親，自生育膝下，侍奉父母漸長，則嚴敬之心日加。然其愛、其敬皆出乎天性，非由矯僞强飾，聖人順而導之，則民易從。所以然者，蓋因〔一〕孝爲人心自有德性之根本也。

右第十一章，申言「孝，德之本」。

子曰：父子之道，天性，君臣之義。父母生之，續莫大焉。君親臨之，厚莫重焉。

此因孝爲德之本，以明教之所由生。父慈子孝，天賦本然之德性。君令臣共，其義一也。父母生育，所以續其身；君上臨教，所以厚其生。故恩義之大、之重，莫有加焉。

子曰：不愛其親而愛他人者，謂之悖德；不敬其親而敬他人者，

〔一〕「因」原作「曰」，據《借月山房彙鈔》本改。

謂之悖禮。以順則逆，民無則焉。不在于善，而皆在于凶德，雖得之，君子所不貴。

凡一章之内重書「子曰」者，若非問答之辭，則語有更端故也。此言小人逆理失教之事。悖，違逆也。孝本順理，而反逆之民無則焉者，以其愛敬失倫、違逆天理，不順無足取法也。德本善性而反爲凶，故雖得位臨民而不足貴者，以上無善政，下無法守，近于喪亡也。

君子則不然，言斯可道，行斯可樂，德義可尊，作事可法，容止可觀，進退可度。以臨其民，是以其民畏而愛之，則而象之。故能成其德教，而行其政令。《詩》云：「淑人君子，其儀不忒。」

此言君子順理立教之事。言斯可道，即言滿天下無口過也；行斯可樂，即行滿天下無怨惡也。凡其言行、德義、設施、威儀、動静，無一不本諸天性，順乎人情，故可尊、可法、可觀、可度。以之臨民，則民敬之如神明，愛之如父母，莫不感化悦從以取法焉，而立教之道備于此矣。所以然者，蓋人心所自有之德性以立教故也。卒引《詩》歌詠善人君子之德美，其能敬慎威儀不差忒，可爲民則也。

右第十二章，申言「教之所由生」。

子曰：孝子之事親，居則致其敬，養則致其樂，病則致其憂，喪則致其哀，祭則致其嚴。五者備矣，然後能事親。

致，極也。五者極盡事親始終之道，故曰「能」。然其敬、樂、憂、哀、嚴，雖發乎情，而皆本乎自然之德性，無一毫外假。

事親者居上不驕，爲下不亂，在醜不争。居上而驕則亡，爲下而亂則刑，在醜而争則兵。此三者不除，雖日用三牲之養，猶爲不孝也。

人子先能安分保身，不貽父母之憂，然後得以遂甘旨奉養之歡。醜，衆也。

子曰：五刑之屬三千，而罪莫大於不孝。要君者無上，非聖人者無法，非孝者無親，此大亂之道也。

承上文「不孝」而言。五刑，墨、劓、剕、宫、大辟。要者，挾求之意；非者，違背之謂。君王爲百姓主，聖人爲萬世法，父母有生育之恩。犯此則爲無父、無君、違法之人，刑所必加,以致毁傷其身,敢不敬與?

右第十三章,申言「始於事親」及「不敢毁傷」。

子曰:君子事上,進思盡忠,退思補過,將順其美,匡救其惡,故上下能相親。《詩》云:「心乎愛矣,遐不謂矣。中心藏之,何日忘之?」進仕則思盡自己忠心,致君于聖明。退閒則思補自己過失,增益其所不能。君欲行善事,則開導贊引順承以行之;惡事,則委曲諫諍正救以止之。故君臣上下同心戮力而政教成矣。引《詩》歌詠,言臣有真實愛君之心,豈謂疏遠而暫忘,末兩句尤見拳拳愛君不忘之誠,此忠厚之至也。

右第十四章,申言「中於事君」。

子曰:閨門之内具禮矣乎!嚴父嚴兄。妻子臣妾,猶百姓徒役也。

具，備也。故禮備於家而治成於國矣。在家之嚴父嚴兄，即在國之尊君敬長也；在國之撫百姓，即在家之愛妻子、恤其饑寒也；在國之御徒役，猶在家之有僕妾供使，知其勞困也。然其敬愛之施雖有親疏先後之倫，而無彼我遠近之間，故上下能相親睦以致天下和平。後世治家國者，不達挈矩之道，膠蔽親疏，妄分彼我，暱愛于閨門，以恩掩義，斂怨于士庶，以暴勝恩，故常亂多治少，可勝嘆哉？

子曰：君子之事親孝，故忠可移於君；事兄弟，故順可移於長；居家理，故治可移於官。

承上文而言，以見孝親、弟兄、忠君、順長、理家、治國之事，皆本乎德性，無有不通。故君子不出家而成教於國。

是以行成於內，而名立於後世矣。

通結上文，以其盡修齊治平之道，故能立身揚名顯親。

右第十五章，申言「終於立身」及「揚名於後世，以顯父母」。

子曰：昔者明王事父孝，故事天明；事母孝，故事地察。長幼順，故上下治。天地明察，神明彰矣。

天地父母，一氣貫通。明，昭著；察，鑒諦，亦該仰觀俯察之義。聖王道心純一通明，素與天合。故于此章推事父母誠敬之心以事天地，則仰觀俯察之際，宜神祇之昭著鑒諦也。以至尊尊卑卑，上下和平，亦無所往而不貫通，益見道心周流，如四時之錯行，如日月之代明，至有不可以言喻。

故雖天子，必有尊也，言有父也；必有先也，言有兄也。宗廟致敬，不忘親也。修身慎行，恐辱先也。宗廟致敬，鬼神著矣。

承上文申明事父兄宗廟祭祀之義，以擴充其踐履，刑于四海之盛也。

孝弟之至，通於神明，光於四海，無所不通。《詩》云：「自西自東，自南自北，無思不服。」

通結上文，因引《詩》歌詠而極言其功效之廣大，益可見聖王至孝之發用，即天地鬼神之變化，渾然貫通，無所間隔，夷夏咸服，六合同風，莫非至誠之驗也歟！

右第十六章，申言天子之孝。

曾子曰：若夫慈愛恭敬、安親揚名，參聞命矣。敢問子從父之令，可謂孝乎？

曾子至是既悉聞申明孝道之詳，已神會心融，乃復啓問其餘蘊。故孔子又告以臣子及天下之通孝以終焉。

子曰：是何言與？是何言與？昔者天子有争臣七人，雖無道，不失其天下。諸侯有争臣五人，雖無道，不失其國。大夫有争臣三人，雖無道，不失其家。士有争友，則身不離於令名。父有争子，則身不陷於不義。

此斷以孝之大義所以解千載之惑也。歷代天子、諸侯、卿大夫之無道者，必至于亡天下、敗國家，以其有争臣諫勸正救之，能改過遷善，故得不失令善也。

故當不義，則子不可以弗争於父，臣不可以弗争於君。故當不義則争之，從父之令，又焉得爲孝乎？

通結上文，自天子至于庶人，一有不義，爲臣子者必當諫勸救正，勿陷君父於惡，而以順從爲忠孝也。

右第十七章，申言臣子之通孝。

子曰：孝子之喪親，哭不偯，禮無容，言不文，服美不安，聞樂不樂，食旨不甘，此哀戚之情。

哀戚之情，出乎天性自然，非假强飾。偯，哭有餘剩，轉曲聲。容，善容儀，以飾觀美。凡有一毫矯僞不誠，則失其本性矣。

三日而食，教民無以死傷生，毁不滅性，此聖人之政。喪不過三年，示民有終。

聖人順中正以制禮，使賢者俯而就之，不肖者跂而及之。

爲之棺槨、衣衾而舉之，陳其簠簋而哀戚之，擗踴哭泣而哀送之。

卜其宅兆，而安厝之。爲之宗廟，以鬼享之。春秋祭祀，以時思之。

外棺曰槨。簠簋，祭器。擗，手擊胸；踊，足頓地。宅兆，墳塋也。孝子事親始終之道：愛敬侍養，所以奉其生也；棺衾斂葬，所以藏其魄也；陳奠哭慟，所以哀其亡也；宗廟祭祀，所以安其靈而永孝思也。凡養生、送死、奠祭之義，莫不因其本然自有之德性，以盡其終身孺慕誠孝之心而已矣。

生事愛敬，死事哀戚，生民之本盡矣，死生之義備矣，孝子之事親終矣。

總括一書孝道始終之義，何其著名周備，若斯其至乎！

右第十八章，申言天下之通孝。

於戲！是經賴有神明護衛，幸逃秦火之厄運。文章照映簡編，經緯天地，同乎日月，真希世至寶。聖王建中立極之心法，修齊治平之事實，粲然具載，而人道備於此矣。後之受讀者玩索精微，以悟道心純一貫通之神妙，何啻親炙聖人而傳道統也歟！

孝經宗旨

【明】羅汝芳
張恩標　點校

點校説明

《孝經宗旨》一卷，明羅汝芳撰。汝芳（一五一五—一五八八）字惟德，號近谿，江西南城（今屬撫州）人。師事顔鈞，是王學後期的重要代表。嘉靖癸卯（一五四三）舉于鄉，甲辰（一五四四）舉會試，不就廷試。癸丑（一五五三）入京赴廷試，中秘選授太湖令，壬戌（一五六二）出知寧國府，後補東昌府，其治東昌如寧國。未幾，遷雲南副使。後轉左參政。戊子卒，門人私謚曰「明德」。據《羅明德公書目》，羅汝芳著作有九十三種，今存者僅十餘種，其中《孝經宗旨》即其一。是書以問答來暢明其説，《中國古籍總目》著録作「明羅汝芳述明楊起元記」。清修《四庫全書》入存目。是書有版本如下：明萬曆中繡水沈氏刻陳繼儒《寶顔堂祕笈》（普集）本、明崇禎四年程一礎閒拙齋刻《孝經古注》本，前者又有影印本被收入《四庫全書存目叢書》。今以《寶顔堂祕笈》本爲底本，以《孝經古注》本爲校本進行點校。末附四庫提要。

孝經宗旨

問道。羅子曰：道之爲道，不從天降，不從地出，切近易見，則赤子下胎之初，啞啼一聲是也。聽着此一聲啼，何等迫切；想着此一聲啼，多少意味。其時母子骨肉之情，毫髮也似分離不開，頃刻也似安歇不過，真是「繼之者善，成之者性」，而直見乎「天地之心」，亦真是「推之四海皆準，垂之萬世無朝夕」。捨此不着力理會，而言學焉，是謂遠人以爲道，縱是甚樣聰明、甚樣博洽、甚樣精透，却總是無源之水、無根之木。用力雖勤而推充不去，不止推充不去，即身心亦受用不來。求其如是而已，如是而人，如是而家國天下，如是而百年千載，我可以時時服習，人可以時時公共，而云「學不厭，教不倦也」，亦難矣哉。《經》曰：「此之謂要道。」

問：仁與孝，亦有别乎？羅子曰：無别也。孔子云：「仁者，人也。」蓋仁是天地生生之大德，而吾人從父母一體而分，亦純是一團生意。故曰：「形、色，天性也。」惟聖人而後能踐形。踐形，即目明耳聰、手恭足重、色温口止，便生機不拂，充長條暢。人固以仁而立,仁亦以人而成。人既成,即孝無不全矣。故生理本直,枉則逆,逆非孝也;生理本活,滯則死,死非孝也;生理本公,私則小,小亦非孝也。《經》曰:「天地之性,人爲貴。人之行,莫大於孝。」

問:孝何以爲仁之本也?羅子曰:子不思父母生我千萬劬勞乎?未能分毫報也。子不思父母望我千萬高遠乎?未能分毫就也。思之,自然悲愴生焉,疼痛覺焉,即滿腔皆惻隱矣。遇人遇物必能方便慈惠、周卹溥濟,又安有殘忍戕賊之私耶?曰:此恐流於兼愛。曰:子恐乎,決不流矣;吾亦恐也,心尚殘忍,無愛之可流。《經》曰:「愛親者,不敢惡於人;敬親者,不敢慢於人。」

問:學何爲者也?羅子曰:學爲人也。蓋父母之生我,人也。人則參三才、靈萬物,其定分也。全生之則當全歸之,故曰:「立身行道,以顯父母。」夫所謂立身者,立天下之大本也。首柱天焉,足鎮地焉,以立人極於宇宙之間。所謂行道者,行天下之達道也。負荷綱常,發揮事業,出則治化天下,處則教化萬世,必如孔子《大學》,方爲全人而無忝所生。故孟子論志而願學孔子,亦恐其偏此身也、小此身也。偏小此身,即羞辱父母也,豈必爲惡,然後爲不孝哉?

羅子曰：夫天，則莫之爲而爲，莫之致而至者也；聖則不思而自得，不勉而自中者也；學則希聖而希天者也。夫欲希聖、希天而不求己之所同於聖、天者以學焉，安能至哉？反而思之，我之初生，一赤子也。赤子之心，渾然天理，其知不必慮，能不必學，蓋即莫之爲而爲，莫之致而至之體也。然則聖人之爲聖人，亦惟以其不慮、不學者同之莫爲、莫致者。我常敬順乎天，天常生化乎我，久之自成不思不勉之聖矣。聖如孔子，其同尤親切焉。彼赤子之出胎而啼也，是愛戀母之懷抱也。孔子指此愛根而名仁，推此愛根以爲人，合而言之曰：「仁者，人也，親親爲大。」若曰爲人者，常能親親也，則愛深而其氣自和，而其容自婉。不忍一毫惡於人，不敢一毫慢於人。位天地，育萬物，其氣象出之自然，其功化成之渾然也已。《經》曰：「聖人之德，又何以加於孝乎？」

問：孔子巧以成聖？羅子使求孟子之雅言。弟子曰：孟子雅言，仁、義、孝、弟而已，奚其巧？羅子起，立衆中而呼之曰：子觀吾此身乎？豈不根於父母、連兄弟而帶妻子也耶？二夫子乃指此身爲仁，又指此身所根、所連、所帶以盡仁，而曰：「仁者，人也。」親親、長長、幼幼，而天下可運之掌也。是此身纔立，而天下之道即現；此身纔動，而天下之道即運，豈不易簡？豈爲難知？人之所以能聖，聖之所以能時，在一舉足之間，一啓口之頃也，豈非天下之至巧？至巧者即彼。道在邇而求諸遠，事在易而求諸難，辛苦平生，竟成話柄，又豈非天下之至拙至拙〔一〕者耶？《經》曰：「立身行道。」

羅子曰：孔孟立教，爲天下後世定之極則曰：「堯舜之道，孝弟而已矣。」後世不察，乃謂止舉聖道之中淺近爲言。噫，天下之理豈有妙於不思而得者乎？孝弟之不慮而知，即所謂不思而得也。天下之行豈有神於不勉而中者乎？孝弟之不學而能，即所謂不勉而中也。故捨孝弟之不慮而知，則堯舜之不思而得，必不可至；捨孝弟之不學而能，即堯舜之不勉而中，必不可求。如赴海者流須發源於源泉，而枯槹沼瀦，縱多而無用也；結果者萌須芽於真種，而染彩鏤劃，徒勞而鮮功也。其曰「堯舜之道，孝弟而已矣」，豈是有意將淺近之事以見堯舜可爲？乃是直指入道之途徑，明揭造聖之指南，爲天下萬世一切有志之士而安魂定魄，一切拂經之人而起死回生也。人能日周旋於事親從兄之間，以涵泳乎良知、良能之妙，俾此身、此道不離於須臾之頃焉，則人皆堯舜之歸，而世皆雍熙之化矣。

問：孝弟爲教是矣，如王祥、王覽非不志於孝弟，而不與之爲聖，何也？羅子曰：人

〔一〕「至拙」二字疑衍。

之所貴者孝弟，而孝弟所尤貴者學也，故質美未學者爲善人。夫善人者，豈孝弟之不能哉？弗學耳。弗學則如瞽目行路，步或可進尺寸，然終是錯違中正，墮落險阻。雖曾子未免大杖不走、陷親有過之失，而況於祥、覽兄弟乎？故曰：行不著，習不察，終身不知。夫由之而不知其道，與瞽者行路何異哉？又曰：善人之孝弟與聖人何以異？蓋聖人之學，致其良知者也。夫良知在於人，變動而不拘，渾全而不缺，時出而恒久弗息者也。今宗族稱孝、鄉黨稱弟而不善致其良知者，則執滯於一節而變或不通，循習於一家而推或不廣，矯激於異常而恒久可繼之道或違焉，又安能以光天地，塞四海，垂之萬世而無朝夕也哉？故君子必學之爲貴也。《經》曰：「《詩》云：『有覺德行，四國順之。』」

羅子曰：君子之學，莫善於能樂。至其樂之極也，莫甚於終身訢然，樂而忘天下。故孟子論古今賢聖，獨以大舜之事親當之。然此樂寧獨舜有之哉？《詩》曰：「天生蒸民，有物有則。民之秉彝，好是懿德。」是「好」也，即樂之所由來也。試觀赤子初生無幾，厥親厥兄，孩之則笑，赤子方笑，則親若兄之開顔而笑，又加百倍矣。此物則之心有者也。而其交相懽愛，即所謂懿德之好也。此實良知、良能，而又無不知之、無不能之。大舜初生，與衆人一也；衆人初生，亦與大舜一也。但衆人以外物分其心，舜則愛慕終身，惟欲父母兄弟之懽愛而已,故曰「允若底豫」,又曰「象喜亦喜」也。彼其滿腔滿懷、徹骨徹髓,皆喜懽孝弟之意,即自然喜懽孝弟之人。凡言行之合於孝弟者,樂然取之,惟恐不得,彼與我一,我與彼一,若合衆水之派而趨下流,合衆派之流而歸滄海,所以天下之士多就之者,成邑成都,天下定、天下化、天下大同也。孟子之道性善也,是見得孩提之良知、良能無不愛親敬長也;而其言必稱堯舜也,是見得堯舜之道孝弟而已也。故必孝弟如大舜,方謂之不失孩提愛敬之心,方謂之父母存而樂、兄弟無故而樂,方謂之仰不愧、俯不怍而樂,方謂之得英才而教育之,以達己之孝而爲天下之孝、達己之弟而爲天下之弟,而樂于成其仁義之化無疆無盡也。其王天下與否,不止是大舜之心不與,即天下萬世之論大舜者亦不與。不觀其王天下之久,所行之政奚啻千百,今時未必皆傳,而所傳者,惟孝弟焉。其孝弟又皆深山側陋、耕稼陶漁之時所行者也。信乎孩提之愛敬,可以達之天下;信乎君子之三樂,而王天下不與存也。《經》曰:「愛敬盡於事親,而德教加於百姓。」舜之謂也。

問:立身行道,果何道耶?羅子曰:大學之道也。《大學》明德、親民、止至善,如許大事,惟立此身。蓋丈夫之所謂身,聯屬天下國家而後成者也。如言孝,則必老吾老以及人之老,天下皆孝而其孝始成,苟一人不孝,即不得謂之孝也。如言弟,則必長吾長以及人之長，天下皆弟而其弟始成，苟一人不弟，即不得謂之弟也。是則以天下之孝爲孝，方爲大孝；以天下之弟爲弟，方爲大弟也。曰：吾輩今日之講明此學，求親親長長而達之天下，曷故哉？正以了孔子公案耳。曰：允若兹，即孔子之孝弟未曾了也。曰：允若兹，即吾輩未必能了也。曰：若吾輩真能爲孔子公案乎？則天下萬世不患無人爲吾輩了也。

吾人學術大小最於世道關切。

羅子曰：吾心體段，其虛本自無疆界，其靈本自無障礙，能主耳目而不爲所昏，能運四肢而不爲所局。故聖人於其脱胎初生之際，人教不得、物强不得時節，渾然冥然之中指示出一條平平正正、足以自了此生之大路，曰：大人者，須不失赤子時曉知愛父愛母、不須慮不須學、天地生成之真心也。此個真心，若父母能胎教姆教，常示毋誑，如古之三遷善養；又遇地方風俗淳美，又且有明師爲之開發、良友爲之夾持，稍長便導以敬讓，食息便引以禮節，良知良能生生不已，知好色而不奪於少艾，有妻子而不移於恩私，則一舉足而不敢忘父母，一出言而不敢忘父母。將爲善，思貽父母令名，必果；將爲不善，思貽父母羞辱，必不果。一生爲人，千緣萬幸，上得這條程途，方可謂人之大路。《禮經》所謂「置之而塞乎天地，通乎民物，推之東海、西海、南海、北海而準，推之前乎千古、後乎百世而準」，是則聯天下國家以爲一身，聯千年萬載以爲一息，視彼狥欲於七尺之軀，而廷命於旦夕之近者，其大小何如耶？《經》曰：「甚哉，孝之大也！」

羅子曰：宗也者，所以合族人之涣而統其同者也。吾人之生，只是一身，及分之而爲子姓，又分之而爲曾、玄，分久而益衆焉，則爲九族。至是各父其父、各子其子，更不知其初爲一人之身也已。故聖人立爲宗法以統而合之，由根以達枝，由源以及委，雖多至千萬其形，久至千萬其年，而觸目感衷，與原日初生一人一身之時，光景固無殊也。董子曰：「道之大，原出於天；天不變，道亦不變。」夫天之爲命，本只一理。今生爲人爲物，其分其衆，比之一族又萬萬不同矣。於萬萬不同之人、之物之中，而直告之曰：大家只共一個天命之性。嗚呼！其欲信曉而合同也，勢亦甚難也。苟非聖賢有個宗旨以聯屬而統率之，寧不愈遠而愈迷亂也哉？於是苦心極力，説出一個良知，指在赤子孩提處見之。夫赤子孩提，其真體去天不遠，世上一切智巧心力都来着不得分毫。然其愛親敬長之意，自然而生，自然而切，濃濃藹藹，子母渾是一個。其四海九州，誰無子女？誰無父母？四海九州之子母，誰不濃濃藹藹渾是一個也哉？夫盡四海九州之千人萬人，而其心性渾然，只是一個天命，雖欲離之而不可離，雖欲分之而不可分，如木之許多枝葉而貫以一本，如水之許多流派而出自一源，其與人家宗法正是一樣規矩，亦是一樣意思。人家宗法是欲後世子孫知得千身萬身只是一身，聖賢宗旨是欲後世學者知得千心萬心只是一心。既是一心，則説天即是人，可也；説人即是天，亦可也。説聖即是凡，可也；説凡即是聖，亦可也。説天下即一人，可也；説一人即天下，亦可也。説萬古即一息，可也；説一息即萬古，亦可也。四書五經中無限説中、説和、説精、説明、説仁、説義，千萬個道理也，只是表出這一個體段；前聖後聖無限立極、立誠、主敬、主静、致虚、致一，千萬個工夫也，只是涵養這一個本來；往古來今無限經綸、宰制、輔相、裁成、底績、運化，千萬個作用功業，也只是了結這一個志願。若人於這一個不得歸着，則縱言道理，終成邪説；縱做工夫，終是詖行；縱經營事業，亦終成霸功。與原來不慮而知、不學而能、天然不變之體，又何啻霄壤也哉？如人家子孫衆多，各開門户，各立藩籬，無宗以統而一之，其不至於相戕相賊而流蕩無歸者無幾矣！《經》曰：「夫孝，德之本也，教之所由生。」此之謂也。

《經》曰：「人之行，莫大於孝。」「而罪莫大於不孝。」蓋人者，仁也。孝則仁，仁則成其爲人，故行莫大焉；不孝則不仁，不仁則不成其爲人，故罪莫大焉。孝以成仁，亦以仁成。是以曾子曰：「大孝尊親，大孝不匱。」而其養曾晳也，飲食必請所與，謂之養志。志者，帥氣而塞天地者也，捨此弗養，而區區尸體之間，豈所謂尊親不匱哉？《孝經》所説無非此意，然若水中之月、鑒中之像，不可以迹求也。後世或以其文句之少而之略之，又或得其詞而忽其理，逐其末而遺其本經，幾晦哉！吾師羅夫子獨得此經之旨，故其言孝也，以仁言孝；其言仁也，以孝言仁。起不敏，不足以知之，然竊意欲明《孝經》之宗旨，似當自羅子始，然以狥象執迹之見求之，恐羅子之説亦未易明，是以君子不可以不求正于先覺也。謹書此以自警。

萬曆庚寅中春門人楊起元識

附《孝經宗旨》四庫提要

孝經宗旨一卷　通行本

明羅汝芳撰。汝芳字維德，南城人。嘉靖癸丑進士，官至布政使參政。《明史·儒林傳》附見《王畿傳》中。此書皆發明《孝經》之大旨，用問答以暢己説，與依文詮釋者不同。汝芳講良知之學，書中專明此旨，故以「宗旨」二字標題。朱彝尊《經義考》以爲「未見」，而陳繼儒《祕笈》中實有此本，彝尊殆偶然失考。黄虞稷《千頃堂書目》又别引一説，以爲羅洪先撰，亦非也。

孝經會通

【明】沈淮　撰

張恩標　點校

點校説明

《孝經會通》一卷，明沈淮撰。淮字澂伯，號三洲，杭州府仁和縣人。嘉靖二十二年（一五四三）舉人，嘉靖二十六年（一五四七）進士，授江西清江知縣，陞刑部主事，歷本部員外，廣東、雲南僉事，江西右參議，福建副使。萬曆五年（一五七七），任南京通政使司右通政、太常寺少卿，後陞光禄寺卿。著有《三洲詩膾》《孝經會通》。

《孝經會通》一書，因朱熹《孝經刊誤》和吴澄《孝經定本》「未經注釋」而「未安於心」，恐久而失其真而作。是書蓋刻成於明萬曆甲申，後被朱鴻收入《孝經叢書》刻本、《孝經總類》鈔本，江元祚收入《孝經大全》。《千頃堂書目》著録。《經義考》注曰「未見」。今以國家圖書館藏明萬曆刻《孝經叢書》本爲底本，以明抄本《孝經總類》本爲校本，進行點校。

孝經會通序

竊聞孝者，百行之本，萬善之原也。經者，萬世不易之常道也。會通者，會諸家之説而求其通也。夫聖言，言之至也，天下後世之準也，何俟於會而通之也？以晦于秦也，鑿於漢也，襲于唐也，至宋朱子始正之也，而猶未經注釋也。元草廬吴氏又一正之，而未安于心，亦不欲其傳也。我太祖高皇帝驅逐胡虜，首頒教民榜文。成祖文皇帝集孝順事實，垂示模範，即古先哲王以孝治天下之心也。列聖繼承，有隆勿替。弟《孝經》雜出，行者今文一十八章，童子誦習。余懼其久而愈失其真也，乃與博士弟子朱生鴻、費生浩然共繹之。上探孔、曾之心，下尋朱、吴之緒，冐爲訂次，列凡例、目録以見意，于以定千古不決之惑。極知濫越，然心不容已，故責不能辭也。嗟乎！聖言具在也，無增損也。以聖言明聖言，記述者意也。啓其晦，去其鑿，而無所襲也，夫亦求其通也。經成矣，再得《陶潛集》讀之，其作《五等孝傳贊》至明也，附于聖經，猶醫之有案也。蓋欲人敦本窮原，是則是效，同臻至理也。此義明，則人人興孝，庶幾乎天下太平，而唐虞三代雍熙太和之治成矣。後之君子將以余爲忠耶？僭耶？其他問答格言，種種雜見諸經傳者不具述。大明賜嘉靖丁未進士第亞中大夫光禄寺卿前南京通政使司右通政太常寺少卿吴興沈淮撰。

孝經會通凡例

一、不立經傳，不分章第，止列先後次序爲一十五條，以復孔、曾之舊。

一、第一條古文、今文分六七章，今合爲一，從宋元二大儒所定。

一、第二條以後俱照首一條爲次序。《易》有《序卦》《説卦》，亦或記撰者意也。俱從朱子以正秦漢以後之訛。

目録

第十二條　論諸侯、卿大夫之孝
第十三條　論士、庶人之孝
第十四條　發未盡之意
第十五條　發未盡之意

孝經會通

明後學沈淮述
朱鴻校
費浩然閲

仲尼居，曾子侍。子曰：「先王有至德要道，以順天下，民用和睦，上下無怨。女知之乎？」曾子避席曰：「參不敏，何足以知之？」子曰：「夫孝，德之本也，教之所由生也。復坐，吾語女。身體髮膚，受之父母，不敢毀傷，孝之始也。立身行道，揚名於後世，以顯父母，孝之終也。夫孝，始於事親，中於事君，終於立身。愛親者，不敢惡於人；敬親者，不敢慢於人。愛敬盡於事親，而德教加於百姓，刑於四海。蓋天子之孝也。在上不驕，高而不危；制節謹度，滿而不溢。

高而不危，所以長守貴也；滿而不溢，所以長守富也。富貴不離其身，然後能保其社稷，而和其民人。蓋諸侯之孝也。非先王之法服不敢服，非先王之法言不敢道，非先王之德行不敢行。是故非法不言，非道不行；口無擇言，身無擇行。言滿天下無口過，行滿天下無怨惡。三者備矣，然後能保其宗廟。蓋卿大夫之孝也。資於事父以事母，而愛同；資於事父以事君，而敬同。故母取其愛，而君取其敬，兼之者父也。故以孝事君則忠，以敬事長則順。忠順不失，以事其上，然後能保其禄位，而守其祭祀。蓋士之孝也。用天之道，因地之利，謹身節用，以養父母。此庶人之孝也。故自天子至於庶人，孝無終始，而患不及者，未之有也。」

子曰：「君子之教以孝也，非家至而日見之也。教以孝，所以敬天下之爲人父者。教以弟，所以敬天下之爲人兄者。教以臣，所以敬天下之爲人君者。《詩》云：『愷悌君子，民之父母。』非至德，其孰能順民如此其大者乎！」

子曰：「教民親愛，莫善於孝。教民禮順，莫善於弟。移風易俗，莫善於樂。安上治民，莫善於禮。禮者，敬而已矣。故敬其父，則子悦；敬其兄，則弟悦；敬其君，則臣悦；敬一人，而千萬人悦。所敬者寡，而悦者衆，此之謂要道也。」

曾子曰：「甚哉，孝之大也！」子曰：「夫孝，天之經也，地之義也，民之行也。天地之經，而民是則之。則天之明，因地之義，以順天下。是以其教不肅而成，其政不嚴而治。

子曰：「昔者明王之以孝治天下也，不敢遺小國之臣，而況於公、侯、伯、子、男乎？故得萬國之懽心，以事其先王。治國者，不敢侮於鰥寡，而況於士民乎？故得百姓之懽心，以事其先君。治家者，不敢失於臣妾，而況於妻子乎？故得人之懽心，以事其親。夫然，故生則親安之，祭則鬼享之。是以天下和平，災害不生，禍亂不作。故明王之以孝治天下也如此。《詩》云：『有覺德行，四國順之。』」

曾子曰：「敢問聖人之德，其無以加於孝乎？」子曰：「天地之性，人爲貴。人之行，莫大於孝。孝莫大於嚴父，嚴父莫大於配天，則周公其人也。昔者周公郊祀后稷以配天，宗祀文王於明堂，以配上帝。是以四海之內，各以其職來祭。夫聖人之德，又何以加於孝乎？」

子曰：「父子之道，天性也，君臣之義也。父母生之，續莫大焉。君親臨之，厚莫重焉。故親生之膝下，以養父母日嚴。聖人因嚴以教敬，因親以教愛。聖人之教，不肅而成，其政不嚴而治，其所因者本也。」

子曰：「孝子之事親也，居則致其敬，養則致其樂，病則致其憂，喪則致其哀，祭則致其嚴。五者備矣，然後能事親。事親者，居上不驕，爲下不亂，在醜不争。居上而驕則亡，爲下而亂則刑，在醜而争則兵。三者不除，雖日用三牲之養，猶爲不孝也。」子曰：「五刑之屬三千，而罪莫大於不孝。要君者無上，非聖人者無法，非孝者無親。此大亂之道也。」

子曰：「君子之事上也，進思盡忠，退思補過，將順其美，匡救其惡，故上下能相親也。《詩》云：『心乎愛矣，遐不謂矣。中心藏之，何日忘之？』」

子曰：「君子之事親孝，故忠可移於君；事兄弟，故順可移於長；居家理，故治可移於官。是以行成於内，而名立於後世矣。」

子曰：「昔者明王事父孝，故事天明；事母孝，故事地察；長幼順，故上下治。天地明察，神明彰矣。故雖天子，必有尊也，言有父也；必有先也，言有兄也。宗廟致敬，不忘親也。脩身慎行，恐辱先也。宗廟致敬，鬼神著矣。孝弟之至，通於神明，光於四海，無所不通。《詩》云：『自西自東，自南自北，無思不服。』」

子曰：「不愛其親而愛他人者，謂之悖德；不敬其親而敬他人者，謂之悖禮。以順則逆，民無則焉。不在於善，而皆在於凶德，雖得之，君子不貴也。君子則不然，言斯可道，行斯可樂，德義可尊，作事可法，容止可觀，進退可度，以臨其民。是以其民畏而愛之，則而象之。故能成其德教，而行其政令。《詩》云：『淑人君子，其儀不忒。』」

子曰：「閨門之內，具禮矣乎！嚴父嚴兄。妻子臣妾，猶百姓徒役也。」

曾子曰：「若夫慈愛恭敬、安親揚名，則聞命矣。敢問子從父之令，可謂孝乎？」子曰：「是何言與？是何言與？昔者天子有爭臣七人，雖無道，不失其天下；諸侯有争臣五人，雖無道，不失其國；大夫有争臣三人，雖無道，不失其家；士有争友，則身不離於令名；父有争子，則身不陷於不義。故當不義，則子不可以不争於父，臣不可以不争於君。故當不義則争之。從父之令，又焉得爲孝乎？」

子曰：「孝子之喪親也，哭不偯，禮無容，言不文，服美不安，聞樂不樂，食旨不甘，此哀戚之情也。三日而食，教民無以死傷生。毁不滅性，此聖人之政也。喪不過三年，示民有終也。爲之棺椁、衣衾而舉之，陳其簠簋而哀戚之；擗踊哭泣，哀以送之；卜其宅兆，而安厝之；爲之宗廟，以鬼享之；春秋祭祀，以時思之。生事愛敬，死事哀戚，生民之本盡矣，死生之義備矣，孝子之事親終矣。」

孝經會通終

孝經會通後序

夫《孝經》一書，實五經之源，孔、曾授受心法也。顧始學發蒙即句讀之，豈以爲簡約凡近，爲童稚所便習，與要之立人之道與養正之功，聖賢喫緊爲人之意，淵乎微矣。夫童而習之，實久蹈之者誰歟？無論樸遬齊民，即組舄士人，恐不入盡克諧。若也信能識經之旨，重經之義，則作用自別。可見人自凡近視經，經詎凡近哉？

是書厄於秦，繼出孔壁藏者二十二章，爲古文。若今文十八章，則劉向所校，河間王得之顔芝本者。自漢以來，諸儒專門窮經傳釋，亡慮百家，不免牽合附會。晦庵朱子研極理學，既定古文矣，復刊其差誤。而草廬吴氏則又以今文、古文校同異而定之。余則以爲諸儒爲論不同，其尊經一也。夫不聞性與天道者，不能制禮作樂；不因心達孝者，不足以建立事功。其道何居？蓋孝者，貫神明、格天地、通人物、達四海，五常百行之原，萬事萬化所從出，自天子以至於庶人一也。孩提愛親，誰則啓之；長而敬兄，此仁之推也，達之而爲大人，即赤子心也。彼口耳誦習者，固不知孝之意爲何。若而博綜子史，假筌蹄以徼一時之遇，人與經二，事功與道德二，毋惑乎學術之日卑而習俗之日陋也。《經》云「孝爲德之本」，彼惡知哉？古時徵孝廉者服官，蓋孝則必忠其君，廉則不私其身，即此二義殊盡以若人策足仕路，於治國乎何有？不然則記《禮》者何以曰：「事君不忠，非孝也；朋友不信，非孝也；戰陣無勇，非孝也。」而居處不莊、蒞官不敬咸與孝悖。夫舉而措諸天下之事業，而悉根於孝，是不徵教之所由生哉？然則是經談何容易。

余友沈太卿淮、朱文學鴻恪敦天彝，竝懽萊綵，獨於是書窮年探索，務繹其脉絡條貫，合全經而訂次之，豈欲錫類而闡孔、曾之教歟？夫治本於道，不知孝者不可與道，不知道者不可語治，即粉飾治具，何益轉移化導哉？予深有味乎《經》之言也。刻成，沈太卿既序之矣，朱君復問序於予。念予甫餘弱冠，傷哉貧也，痛嚴慈曾無一朝之歡，尋已見背，風木之憾愴焉，終身又碌碌苟存，無能顯揚以終孝，罪且滋甚，予烏知言哉？第原聖人作經之旨與諸儒測經之意，蘄詔來世，甚盛心也。凡有血氣者，尚其立愛，知重所始，而率由之云。萬曆甲申仲冬之吉，中憲大夫奉敕控制金騰雲南永昌府知府予告致仕詔階中議大夫贊治尹前南京刑部江西清吏司郎中錢塘陳師謹書。

孝經解詁

【明】陳深 撰
張恩標 點校

點校説明

《孝經解詁》一卷，明陳深撰。深字子淵，號潛齋。浙江長興人。嘉靖二十八年（一五四九）舉人，隆慶五年（一五七一）知歸州，以才調荆門州，未期，丁艱歸，出補以違例，降雷州推官，屬海康令。性嗜古，不喜爰書，致仕後，纂輯忘倦。年八十餘，篝燈至丙夜不輟，尤邃於經學，折中條貫，粹然大儒。深著有《周禮訓雋》《十三經解詁》，四庫館臣皆入存目。

《十三經解詁》一書，據《四庫提要》云多「鈔録舊注」，且云「《論語》《孝經》《孟子》俱無注」。今考《孝經解詁》一卷，實襲自沈淮《孝經會通》，僅删去其卷前序、後序，其他並無改動。《千頃堂書目》《明史・藝文志》著録，《經義考》注云「未見」。是書有明萬曆刻本，《故宫珍本叢刊》和《四庫存目叢書》皆據以影印，通過校對可知，前者所據底本當爲萬曆本的先印本，後者所據底本爲後印本。今以《故宫珍本叢刊》爲底本。

孝經凡例

一、不立經傳，不分章第，止列先後次序爲一十五條，以復孔、曾之舊。

一、第一條古文、今文分六七章，今合爲一，從宋元二大儒所定。

一、第二條以後俱照首一條爲次序。《易》有《序卦》《説卦》，亦或記撰者意也。俱從朱子以正秦漢以後之訛。

目録

十三經解詁孝經第九

仲尼居，曾子侍。子曰：「先王有至德要道，以順天下，民用和睦，上下無怨。女知之乎？」曾子避席曰：「參不敏，何足以知之？」子曰：「夫孝，德之本也，教之所由生也。復坐，吾語女。身體髮膚，受之父母，不敢毀傷，孝之始也。立身行道，揚名於後世，以顯父母，孝之終也。夫孝，始於事親，中於事君，終於立身。愛親者，不敢惡於人；敬親者，不敢慢於人。愛敬盡於事親，而德教加於百姓，刑於四海。蓋天子之孝也。在上不驕，高而不危；制節謹度，滿而不溢。高而不危，所以長守貴也；滿而不溢，所以長守富也。富貴不離其身，然後能保其社稷，而和其民人。蓋諸侯之孝也。非先王之法服不敢服，非先王之法言不敢道，非先王之德行不敢行。是故非法不言，非道不行；口無擇言，身無擇行。言滿天下無口過，行滿天下無怨惡。三者備矣，然後能保其宗廟。蓋卿大夫之孝也。資於事父以事母，而愛同；資於事父以事君，而敬同。故母取其愛，而君取其敬，兼之者父也。故以孝事君則忠，以敬事長則順。忠順不失，以事其上，然後能保其禄位，而守其祭祀。蓋士之孝也。用天之道，分地之利，謹身節用，以養父母。此庶人之孝也。故自天子至於庶人，孝無終始，而患不及者，未之有也。」

子曰：「君子之教以孝也，非家至而日見之也。教以孝，所以敬天下之爲人父者。教以弟，所以敬天下之爲人兄者。教以臣，所以敬天下之爲人君者。《詩》云：『愷悌君子，民之父母。』非至德，其孰能順民如此其大者乎！」

子曰：「教民親愛，莫善於孝。教民禮順，莫善於弟。移風易俗，莫善於樂。安上治民，莫善於禮。禮者，敬而已矣。故敬其父，則子悦；敬其兄，則弟悦；敬其君，則臣悦；敬一人，而千萬人悦。所敬者寡，而悦者衆，此之謂要道也。」

曾子曰：「甚哉，孝之大也！」子曰：「夫孝，天之經也，地之義也，民之行也。天地之經，而民是則之。則天之明，因地之義，以順天下。是以其教不肅而成，其政不嚴而治。」

子曰：「昔者明王之以孝治天下也，不敢遺小國之臣，而況於公、侯、伯、子、男乎？故得萬國之懽心，以事其先王。治國者，不敢侮於鰥寡，而況於士民乎？故得百姓之懽心，以事其先君。治家者，不敢失於臣妾，而況於妻子乎？故得人之懽心，以事其親。夫然，故生則親安之，祭則鬼享之。是以天下和平，災害不生，禍亂不作。故明王之以孝治天下也如此。《詩》云：『有覺德行，四國順之。』」

曾子曰：「敢問聖人之德，其無以加於孝乎？」子曰：「天地之性，人爲貴。人之行，莫大於孝。孝莫大於嚴父，嚴父莫大於配天，則周公其人也。昔者周公郊祀后稷以配天，宗祀文王於明堂，以配上帝。是以四海之内，各以其職來祭。夫聖人之德，又何以加於孝乎？」

子曰：「父子之道，天性也，君臣之義也。父母生之，續莫大焉。君親臨之，厚莫重焉。故親生之膝下，以養父母日嚴。聖人因嚴以教敬，因親以教愛。聖人之教，不肅而成，其政不嚴而治，其所因者本也。」

子曰：「孝子之事親也，居則致其敬，養則致其樂，病則致其憂，喪則致其哀，祭則致其嚴。五者備矣，然後能事親。事親者，居上不驕，爲下不亂，在醜不爭。居上而驕則亡，爲下而亂則刑，在醜而爭則兵。三者不除，雖日用三牲之養，猶爲不孝也。」子曰：「五刑之屬三千，而罪莫大於不孝。要君者無上，非聖人者無法，非孝者無親。此大亂之道也。」

子曰：「君子之事上也，進思盡忠，退思補過，將順其美，匡救其惡，故上下能相親也。《詩》云：『心乎愛矣，遐不謂矣。中心藏之，何日忘之。』」

子曰：「君子之事親孝，故忠可移於君；事兄弟，故順可移於長；居家理，故治可移於官。是以行成於内，而名立於後世矣。」

子曰：「昔者明王事父孝，故事天明；事母孝，故事地察；長幼順，故上下治。天地明察，神明彰矣。故雖天子，必有尊也，言有父也；必有先也，言有兄也。宗廟致敬，不忘親也。脩身慎行，恐辱先也。宗廟致敬，鬼神著矣。孝弟之至，通於神明，光於四海，無所不通。《詩》云：『自西自東，自南自北，無思不服。』」

子曰：「不愛其親而愛他人者，謂之悖德；不敬其親而敬他人者，謂之悖禮。以順則逆，民無則焉。不在於善，而皆在於凶德，雖得之，君子不貴也。君子則不然，言斯可道，行斯可樂，德義可尊，作事可法，容止可觀，進退可度，以臨其民。是以其民畏而愛之，則而象之。故能成其德教，而行其政令。《詩》云：『淑人君子，其儀不忒。』」

子曰：「閨門之内，具禮矣乎！嚴父嚴兄。妻子臣妾，猶百姓徒役也。」

曾子曰：「若夫慈愛恭敬、安親揚名，則聞命矣。敢問子從父之令，可謂孝乎？」子曰：「是何言與？是何言與？昔者天子有争臣七人，雖無道，不失其天下；諸侯有争臣五人，雖無道，不失其國；大夫有争臣三人，雖無道，不失其家；士有争友，則身不離於令名；父有争子，則身不陷於不義。故當不義，則子不可以不争於父，臣不可以不争於君。故當不義則争之。從父之令，又焉得爲孝乎？」

子曰：「孝子之喪親也，哭不偯，禮無容，言不文，服美不安，聞樂不樂，食旨不甘，此哀戚之情也。三日而食，教民無以死傷生。毁不滅性，此聖人之政也。喪不過三年，示民有終也。爲之棺椁、衣衾而舉之，陳其簠簋而哀戚之；擗踊哭泣，哀以送之；卜其宅兆，而安厝之；爲之宗廟，以鬼享之；春秋祭祀，以時思之。生事愛敬，死事哀戚，生民之本盡矣，死生之義備矣，孝子之事親終矣。」

孝經引證

【明】楊起元　撰
張恩標　點校

點校説明

《孝經引證》一卷，明楊起元撰。起元（一五四七—一五九九）字貞復，别號復所。祖廣東博羅人，遷歸善（今屬廣東惠州）。隆慶元年（一五六七）鄉試第一，萬曆五年（一五七七）登進士，改庶吉士，七年授編修。歷國子監祭酒等官職，召吏部右侍郎兼侍讀學士，未行，以母艱歸廬墓，哀毁得病，卒年五十三，謚文懿。尊羅汝芳之學，著《證學篇》《證道書義》等書行世。《千頃堂書目》著録楊氏《孝經外傳》一卷又《孝經引證》二卷，《經義考》注云二書皆「未見」。《孝經引證》一書，爲明萬曆繡水沈氏刻《寶顔堂祕笈》和明崇禎四年（一六三一）程一礎閒拙齋刻《孝經古注》所收。今以《寶顔堂祕笈》本爲底本，《孝經古注》本作校本進行點校。

孝經引證

樂正子春下堂而傷其足，數月不出，猶有憂色。門弟子曰：「夫子之足瘳矣，數月不出，猶有憂色，何也？」樂正子春曰：「善如爾之問也，善如爾之問也！吾聞諸曾子，曾子聞諸夫子曰：『天之所生，地之所養，無人爲大。父母全而生之，子全而歸之，可謂孝矣。不虧其體，不辱其身，可謂全矣。故君子頃步而弗敢忘孝也。』今予忘孝之道，予是以有憂色也。壹舉足而不敢忘父母，壹出言而不敢忘父母。壹舉足而不敢忘父母，是故道而不徑，舟而不游，不敢以先父母之遺體而行殆。壹出言而不敢忘父母，是故惡言不出於口，忿言不及於身。不辱其身，不羞其親，可謂孝矣。」曾子芸瓜，誤斷其根，曾皙怒，投以大杖擊之。曾子仆地，有頃而蘇，蹷然而起，曰：「大人教參得無疾乎？」孔子聞之，以告門人曰：「參來勿内。」三日，曾子因客而見孔子。孔子曰：「汝聞瞽瞍有子曰舜乎？舜之事父也，索而使之，未嘗不在側，求而殺之，未嘗可得。小箠則待，大箠則走，以逃暴怒也。立體而不去，殺身陷父以不義，不孝孰大是乎？」《經》曰：「身體髮膚，受之父母，不敢毁傷。」曾子曰：「身也者，父母之遺體也。行父母之遺體，敢不敬乎？居處不莊，非孝也；事君不忠，非孝也；蒞官不敬，非孝也；朋友不信，非孝也；戰陳無勇，非孝也。五者不遂，灾及其親，敢不敬乎？亨孰羶薌，嘗而薦之，非孝也，養也。君子之所謂孝也者，國人稱願然曰『幸哉！有子如此』，所謂孝也已。」《經》曰：「立身行道，揚名於後世，以顯父母。」

曾子曰：「樹木以時伐焉，禽獸以時殺焉。夫子曰：『斷一樹，殺一獸，不以其時，非孝也。』」《經》曰：「生則親安之，祭則鬼享之。」

曾子曰：「孝有三：大孝尊親，其次弗辱，其下能養。」孫綽曰：「孝之爲貴，貴能立身行道，永光厥祀。若匍匐懷袖，日用三牲，而不能令萬物尊己，舉世我賴，以之養親，其榮近矣。」《經》曰：「孝莫大於嚴父，嚴父莫大於配天。」《禮》：「子事父母，雞初鳴，咸盥、漱，盛容飾，以適父母之所。及所，下氣怡聲，問衣燠寒，疾痛苛癢，而敬抑、搔之。出入，則或先或後，而敬扶持之。進盥，少者奉槃，長者奉水，請沃盥，盥卒，授巾。問所欲而敬進之，柔色以温之。父母之衣、衾、簟、席、枕、几不傳，杖、屨祗敬之，勿敢近；敦、牟、巵、匜，非餕莫敢用。在父母之所，應唯敬對，進退、周旋慎齊，升降、出入揖遜，不敢噦、噫、嚏、咳、欠、伸、跛、倚、睇視，不敢唾、洟。寒不敢襲，癢不敢搔，不有敬事不敢袒裼，不涉不撅。」《經》曰：「親生之膝下，以養父母日嚴。聖人因嚴以教敬，因親以教愛。」

爲人子者，出必告，反必面，所遊必有常，所習必有業，恒言不稱老。居不主奧，坐不中席，行不中道，立不中門，食饗不爲槩，祭祀不爲尸，聽於無聲，視於無形，不登高，不臨深，不苟訾，不苟笑。孝子不服闇，不登危，懼辱親也。言孝不言慈，閨門之内，戲而不嘆。冬温而夏清，昏定而晨省。在醜夷不争。三賜不及車馬。不敢以富貴加於父兄。《經》曰：「居則致其敬。」

曾子曰：「孝子之養老也，樂其心，不違其志，樂其耳目，安其寢處，以其飲食忠養之，孝子之身終。終身也者，非終父母之身，終其身也。是故父母之所愛亦愛之，父母之所敬亦敬之。至於犬馬盡然，而況於人乎？」《祭義》曰：『孝子之有深愛者必有和氣，有和氣者必有愉色，有愉色者必有婉容。孝子如執玉，如奉盈，洞洞屬屬然如弗勝，如將失之。嚴威儼恪，非所以事親也。」《經》曰：「養則致其樂。」

《禮》：「父母有疾，冠者不櫛，行不翔，言不惰，琴瑟不御，食肉不至變味，飲酒不至變貌，笑不至矧，怒不至詈。疾止復故。」「文王之爲世子，朝於王季日三。雞初鳴而衣服，至於寢門外，問内豎之御者曰：『今日安否何如？』内豎曰：『安。』文王乃喜。及日中又至，亦如之；及暮又至，亦如之。其有不安節，則内豎以告文王。文王色憂，行不能正履，王季復膳，然後亦復初。武王帥而行之，不敢有加焉。文王有疾，武王不脱冠帶而養。文王一飯亦一飯，文王再飯亦再飯。旬有二日乃間。」《經》曰：「病則致其憂。」

君子居喪，讀喪禮。喪禮備在方策，不可悉載。父母之喪，水漿不入於口者三日。既虞，卒哭，疏食水飲，不食菜果。期而小祥，食菜果。中月而禫，始飲醴酒，食乾肉。此其大節也。孔子曰：「少連、大連善居喪，三日不怠，三月不解，期悲哀，三年憂，東夷之子也。」高子臯之執親之喪也，泣血三年，未嘗見齒，君子以爲難。顔丁善居喪，始死，皇皇焉，如有求而弗得。及殯，望望焉，如有從而弗及。既葬，慨焉，如不及其反而息。曾申問於曾子曰：「哭父母有常聲乎？」曰：「中路嬰兒失其母焉，何常聲之有？」《經》曰：「喪則致其哀。」

古者天子、諸侯必有養獸之官，及歲時，齋戒沐浴而躬朝之，敬之至也。后妃齋戒，親東而躬桑。及時將祭，君子乃齋。齋之爲言齊也，齊不齊以致齊者也。是故君子非有大事也，非有恭敬也，則不齋。不齋則於物無防也，嗜欲無止也。及其將齋也，防其邪物，訖其嗜欲，耳不聽樂。故《記》曰「齋者不樂」，言不敢散其志也。心不苟慮，必依于道；手足不苟動，必依于禮。是故君子之齋也，專致其精明之德也。故散齋七日以定之，致齋三日以齊之。定之之謂齊，齊者，精明之至也，然後可以交於神明也。齋之玄也，以陰幽思也。齋者不樂不吊。非致齋也，不晝夜居於內。夫齋，則不入側室之門。齋之日，思其居處，思其笑語，思其志意，思其所樂，思其所嗜。齋三日，乃見其所爲齋者。《經》曰：「祭則致其嚴。」

曾子曰：「仁者，仁此者也；禮者，履此者也；義者，宜此者也；信者，信此者也；强者，强此者也。樂自順此生，刑自反此作。」

子路曰：「有人於斯，夙興夜寐，手足胼胝而面目黧黑，樹藝五穀以事其親，而無孝子之名者，何也？」孔子曰：「吾意者，身未敬邪？色不順邪？辭不遜邪？古人有言曰：『衣歟？食歟？曾不爾即。』子勞以事其親，無此三者，何爲無孝之名？意者所友非仁人邪？坐，語汝。雖有國士之力，不能自舉其身，非無力也，勢不便也。是以君子入則篤孝，出則友賢，何爲其無孝子之名也？」《經》曰：「行成於內，而名立於後世矣。」

公明儀問於曾子曰：「夫子可以爲孝乎？」曾子曰：「是何言與？是何言與？君子之

所謂孝者，先意承志，諭父母於道。參直養者也，安能爲孝乎？」《内則》曰：「父母有過，下氣怡色，柔聲以諫。諫若不入，起敬起孝，悦則復諫；不悦，與其得罪於鄉黨州閭，寧孰諫。父母怒，不悦，而撻之流血，不敢疾怨，起敬起孝。」《經》曰：「父有争子，則身不陷於不義。」

孔子侍坐於哀公。哀公曰：「敢問人道誰爲大？」孔子愀然作色而對曰：「君之及此言也，百姓之德也。固臣敢無辭而對：人道政爲大。」公曰：「敢問何謂爲政？」孔子對曰：「政者，正也。君爲正，則百姓從政矣。君之所爲，百姓之所從也；君所不爲，百姓何從？」公曰：「敢問爲政如之何？」孔子對曰：「夫婦别、父子親、君臣嚴。三者正，則庶物從之矣。」公曰：「寡人雖無似也，願聞所以行三言之道，可得聞乎？」孔子對曰：「古之爲政，愛人爲大。所以治愛人，禮爲大。所以治禮，敬爲大。敬之至矣，大昏爲大，大昏至矣！大昏既至，冕而親迎，親之也。親之也者，親之也。是故君子興敬爲親，捨敬，是遺親也。弗愛不親，弗敬不正。愛與敬，其政之本與！」公曰：「寡人願有言然，冕而親迎，不已重乎？」孔子愀然作色而對曰：「合二姓之好，以繼先聖之後，以爲天地、宗廟、社稷之主，君何謂已重乎？」公曰：「寡人固。不固，焉得聞此言也？寡人欲問，不得其辭。請少進。」孔子曰：「天地不合，萬物不生。大昏，萬世之嗣也，君何謂已重焉？」孔子遂言曰：「內以治宗廟之禮，足以配天地之神明；出以治朝廷之禮，足以立上下之敬。物耻足以振之，國耻足以興之。爲政先禮。禮，其政之本與！」孔子遂言曰：「昔三代明王之政，必敬其妻、子也，有道。妻也者，親之主也，敢不敬與？子也者，親之後也，敢不敬與？君子無不敬也，敬身爲大。身也者，親之枝也，敢不敬與？不能敬其身，是傷其親；傷其親，是傷其本；傷其本，枝從而亡。三者，百姓之象也。身以及身，子以及子，妃以及妃，君行此三者，則愾乎天下矣。」公曰：「敢問何謂敬身？」孔子對曰：「君子過言，則民作辭；過動，則民作則。君子言不過辭，動不過則，百姓不命而敬恭。如是，則能敬其身。能敬其身，則能成其親矣。」公曰：「敢問何謂成親？」孔子對曰：「君子也者，人之成名也。百姓歸之名，謂之君子之子，是使其親爲君子也，是爲成其親之名也已。」孔子遂言曰：「古之爲政，愛人爲大。不能愛人，不能有其身；不能有其身，不能安土；不能安土，不能樂天；不能樂天，不能成其身。」公曰：「敢問何謂成身？」孔子對曰：「不過乎物。」公曰：「敢問君子何貴乎天道也？」孔子對曰：「貴其不已。如日月東西相從而不已也，是天道也；不閉其久，是天道也；無爲而物成，是天道也；已成而明，是天道也。」公曰：「寡人惷愚、冥煩，子志之心也。」孔子蹴然辟席而對曰：「仁人不過乎物，孝子不過乎物。是故仁人之事親也如事天，事天如事親。是故孝子成身。」公曰：「寡人既聞此言也，無如後罪何？」孔子對曰：「君之及此言也，是臣之福也。」《經》曰：「君子之事上也，進思盡忠，退思補過，將順其美，匡救其惡。」孔子之謂也。

張子《西銘》曰：「乾稱父，坤稱母。予兹藐焉，乃混然中處。故天地之塞，吾其體；天地之帥，吾其性。民，吾同胞；物，吾與也。大君者，吾父母宗子。其大臣，宗子之家相也。尊高年，所以長其長；慈孤弱，所以幼其幼。聖，其合德；賢，其秀也。凡天下疲癃殘疾、惸獨鰥寡，皆吾兄弟之顛連而無告者也。于時保之，子之翼也。樂且不憂，純乎孝者也。違曰悖德，害仁曰賊。濟惡者不才，其踐形惟肖者也。知化，則善述其事；窮神，則善繼其志。不愧屋漏爲無忝，存心養性爲匪懈。惡旨酒，崇伯子之顧養；育英才，潁封人之錫類。不弛勞而底豫，舜其功也；無所逃而待烹，申生其恭也。體其受而全歸者，參乎；勇于從而順令者，伯奇也。富貴福澤，將厚吾之生也；貧賤憂戚，庸玉女于成也。存，吾順事；没，吾寧也。」《經》曰：「事父孝，故事天明；事母孝，故事地察。」

曾子曰：「衆之本教曰孝，其行曰養。養可能也，敬爲難；敬可能也，安爲難；安可能也，卒爲難。父母既没，慎行其身，不遺父母惡名，可謂能終矣。」《内則》曰：「父母雖没，將爲善，思貽父母令名，必果；將爲不善，思貽父母羞辱，必不果。」《經》曰：「脩身慎行，恐辱先也。」

佛言：「凡人事天地鬼神，莫若孝其二親，二親最神也。」蘭公曰：「孝至於天，日月爲之明；孝至於地，萬物爲之生；孝至於民，王道爲之成。」曾子曰：「夫孝，置之而塞乎天地，溥之而横乎四海，施之後世而無朝夕，推而放諸東海而準，推而放諸西海而準，推而放諸南海而準，推而放諸北海而準。」《經》曰：「孝弟之至，通乎神明，光乎四海而無所不通。」

曾子曰：「親戚不悦，不敢外交；近者不親，不敢求遠；小者不審，不敢言大。故人之生也，百歲之中，有疾病焉，有老幼焉，故君子思其不復者而先施焉。親戚既殁，雖欲孝，誰爲孝？年既耆艾，雖欲弟，誰爲弟？故孝有不及，弟有不時，其此之謂與！」子路見孔子，曰：「負重道遠，不擇地而休；家貧親老，不擇禄而仕。昔者，由事二親之時，常食藜藿之食，而爲親負米百里之外；親没之後，南遊於楚，從車百乘，積粟萬鍾，累茵而坐，列鼎而食，願食藜藿爲親負米，不可復得也。枯魚嗡索，幾何不蠹？二親之壽，忽如過隙！草木欲長，霜露不使；人子欲養，二親不待。」孔子曰：「由也事親，可謂生事盡力，死事盡思者也。」曾子仕於莒，得粟三秉。方是之時，曾子重其祿而輕其身。親没之後，齊迎以相，楚迎以令尹，晉迎以上卿。方是之時，曾子重其身而輕其祿。懷其寶而迷其國者，不可與語仁；窘其身而約其親者，不可與語孝。任重道遠者，不擇地而息；家貧親老者，不擇官而仕。故君子橋褐趨時，當務爲急。曾子曰：「往而不可還者，親也；至而不可加者，年也。是故孝子欲養，而親不待也；木欲直，而時不待也。是故椎牛而祭墓，不如雞豚逮存親也。故吾嘗仕齊爲吏，禄不過鍾釜，尚猶欣欣而喜者，非以爲多也，樂其逮親也。既没之後，吾嘗南遊於楚，得尊官焉，堂高九仞，榱題三圍，轉轂百乘，猶北鄉而泣者，非爲賤也，悲不逮吾親也。」《經》曰：「生事愛敬，死事哀戚。」此之謂也。

曾子曰：「孝有三：小孝用力，中孝用勞，大孝不匱。思慈愛忘勞，可謂用力矣；尊仁安義，可謂用勞矣；博施備物，可謂不匱矣。父母嘉之，喜而弗忘；父母惡之，懼而無怨。父母有過，諫而不逆。父母既没，必求仁者之粟以祀之。此之謂禮終。」

孝經本義

【明】胡時化　撰
張恩標　點校

點校説明

《孝經本義》一卷，明胡時化撰。時化，本名權，字龍匯，餘姚人。進士，隆慶五年（一五七一）知合肥。輯《名世文宗》，爲舉子所重。著《孝經列傳》七卷附《孝經本義》一卷，今僅存《孝經列傳》卷七以及《孝經本義》，藏於國家圖書館，據卷七序，有「萬曆三十七年」語，蓋爲萬曆時所刻。《孝經本義》一書，亦僅有此刻本，今據以點校。

孝經注解引蒙

浙姚　胡時化　編集

胡氏時化曰：凡誦孔子《孝經》，先攷孔子出處，載《論語》者不具述。○孔名丘，字仲尼，傳得伏羲、神農、黄帝、少昊、顓頊、帝嚳、堯、舜、禹、湯、文、武的道德，没有幾個聖人的位，又不得臯、夔、稷、契、伊、傅、周公這幾個相位。曾在魯國做中都宰、做司寇，攝行相事。那時節文事武備俱足，能使中都化行，誅了亂政大夫利口少正卯。○又在夾谷會上斬侏儒，却萊夷，取還齊景公侵去汶陽之田，聲震一時。正好大行至德要道，奈人心多忌，讒沮隨作，在中都時，小人怨謗，幸得無事。○後有齊國晏平仲明知孔子聖德，善與相交，日久能敬，却心中懼怕他輔相魯國，重興周公輔相武王之法。魯侯得做了方伯之時，齊國日前强估罪惡，不免被他整頓削奪，便用着計較演一班女樂送魯，侯與他輔相上卿季桓子都是好色的人，就便收受，晝夜淫樂，三日不出朝廷講理政事，又將祭祀該分的胙肉不分與孔子。這等簡慢，只得去了魯國。○這孔子又曾到齊國，遇着齊侯。景公素在夾谷，曉得他是個聖人高品，欲將尼谿田地封他用他，又被晏子忌沮，竟説吾老了，不能用這個人。這等躧蹬，只得把臨炊飯的米撈起不炊，急行去了。○又曾到衛，衛侯靈公交際可仕，那時歇在個賢大夫蘧伯玉家，賓主相契，争奈這個衛侯不問治國安民政事，只謀軍旅之事，又不用他，只得明日行了。走到陳國，陳侯不肯接待他，絶糧七日，幾至餓死。○又曾到楚，楚昭王聞他是個聖人，要把書社地土封他用他，又被楚相子西忌嫉謗毀，道此人若有用，許多門人輔相，必自家做起封王事業，害了楚國。因此楚王便不招接，只得回了。○又曾經過宋國，那宋有專權卿相桓魋，雖知他是聖人，因他口直，每每要殺他，見他在杏壇大木下，常與門人休息講學，便把這木斫伐去了，使他不得休息，便發兵要圍殺了他。只得改换衣冠，穿了小衣服避去。○困頓偃蹇，被人耻罵他喪家之狗。當時姦惡權臣陽虎專政，定要强使赴見，因不從他，便算計：「我是個大夫，他是個士。我據禮乘他不在送他蒸豚，他依禮當到我家面拜。」依計送豚之間，孔夫子也乘他不在去拜，不肯面見。奈陽貨探聽這個消息，特故轉在路途邀截相遇，並不以禮下迎，及叫他來，只道：「我與你説，你失時不肯做官，不叫做智；懷德不肯救世，不叫做仁。日月漸次蹉過，年歲不等待你。」這般受陽虎一場閑氣，不與辯白。○又有一個叔孫武叔，反説他門生端木賜表字子貢，强似仲尼，把他千方百計謗毁。〇又有一個微生畝，自恃年高倨傲，呼他名字，反說他是一個佞人。〇又有匡人錯認他是陽虎，用兵圍住要殺他，後來認得不是，方解圍放了。〇便是弟子仲由表字子路，也說他要正衛國名位是迂闊，也因他見衛國南子便不歡喜，因在陳國絶糧便十分惱怒，因他要往應中牟宰佛肸的召、要往應中山弗擾的召有許多不歡喜。〇又有一個門生陳亢表字子禽，背後也說他不見强似子貢，見他到處聞政，便疑他是求來的。〇衆門生見他收接互鄉的童子在門下，便疑心他不擇交際好歹。〇傳至戰國時節，還說他投歇齊寺人瘠環、衛癰疽兩小人家。這樣多口沮間了，空負先王和順天下的道德，思傳與中行又不得，思及狂士狷生。狂士志大而行不副，狷生規模狹小也不濟事。只有顔子，苦早亡了。看的門下狂士曾點字子晳，有個兒子叫做曾參，表字子輿，力量弘毅，篤行忠恕，不比他父親狂的疏漏，夫子知他可與傳先王順天下的道德，趁他侍坐，開示分曉。

唐明皇御製序

唐是唐朝國名。明皇即唐玄宗也。御製，皇帝親自爲之辭也。序者，集也，總序其十八章之意而作此序文也。

明皇開元初，敦叙友于，勵精政事，去近習，禁奢侈，講武試策，樂善崇儒，抑祥瑞之奏，復對仗之儀，姚、宋、張、韓，任用弗貳，是以淳風美化，盈塞區宇，未必非其表章力也。

朕聞上古，天子自稱曰朕。上古，指太古也。其風樸略。言風俗質樸簡略。雖因心之孝已萌，孝因於心萌發也。而資敬之禮猶簡。禮以將吾敬，猶簡，未足以盡心。及乎仁義既有，仁愛、義敬，天理良心。親譽益著，親親之名譽益彰著而不可掩。聖人知孝之可以教人也，聖人曉此孝道可以及天下之民，這是推己以及人之道理也。故因嚴以教敬，嚴，嚴緊也。子事父母，其法極嚴緊。聖人恐人子容易以犯法，故教之以敬。敬，嚴敬也。因親以教愛。親亦愛也，言爲父母者無不愛其子也。人子亦當以父母愛我之心及之而愛父母。於是以順移忠之道昭矣，順即上愛敬，是孝也。以順移忠，即移孝順以爲忠一道也。孝於親者必忠於君，欲求忠臣必於孝子之門。立身揚名之義彰矣。立身揚名，揚名於後世，皆此愛敬之順道也。子曰：「吾志在《春秋》，行在《孝經》。」此兩句，《孔子家語》也。玄宗引之，以明《孝經》之義。《春秋》，魯史也，記當時諸侯之實事，孔子删削之，褒貶得其當。《孝經》，孔子所作者，教訓後世得其法。故傳曰：「《春秋》成，麒麟出；《孝經》成，天雨璧。」《春秋》，聖人之志在焉；《孝經》，聖人之行在焉。是知孝者，德之本歟！愛親、敬親之孝，爲德之根本，萬善由此生也。《經》曰：「昔者明王之以孝理天下也，不敢遺小國之臣，雖小國之臣，亦吾親之所立，不敢遺棄，恐遺吾親也。而况於公、侯、伯、子、男乎？」五等國君爵禄之大小、品級不同，皆當推因心之孝以及之，一無所遺。朕嘗三復斯言，玄宗時常再三而念及，此言反復也。景行先哲，景，隨也，亦常隨依先王之行事。雖無德教加於百姓，庶幾廣愛刑於四海。庶幾，近辭也。

廣，大也。刑，準則也。玄宗言我雖無《孝經》之事見於天下之民人，序此書亦可爲後世法則。嗟夫！夫子没而微言絶，嗟，嘆辭也。夫子，孔夫子也。微，精也。絶，無也。嗟嘆夫子卒後，《孝經》之言微絶也。異端起而大義乖。異端，佛教之流也。起，發也。大義，聖人之道也。乖，亂也。言佛道之説起，聖道亂也。況泯絶於秦，得之者皆煨燼之末；秦，國名。秦始皇坑儒焚書，聖人之《詩》《書》盡燒之，讀書之人盡坑之。今難得此書者，皆時人口傳心受，如煨燼之物而略存其渣末耳。濫觴於漢，傳之者皆糟粕之餘。濫，傳流也。觴，酒器也。漢，國名。言漢興于秦末，如觴之濫傳于天下。徧求《詩》《書》，雖得之，如酒之既絶，存其糟粕之餘物。故魯史《春秋》，魯國之史書，名曰《春秋》，乃孔子之筆削之也。學開五傳；後之學者分爲五傳，如《公羊》《穀梁》《左傳》《胡傳》之類。《國風》《雅》《頌》，分爲四詩。今分《國風》二卷、《大雅》《小雅》各一卷，是爲「四詩」。去聖愈遠，是今以來，距聖人之世久遠矣。源流益别。如源泉之流，分於四散而各别也。近觀《孝經》舊注，踳駁尤甚。古者賢人所注之《孝經》，今乃言其雜亂之甚，不足觀也。至於迹相祖述，至於根尋舊跡而觀看前聖人所爲之事。殆且百家；殆，及也。又看及諸子百家所注之説。業擅專門，業，事業也。擅，獨也。專門，猶一門也。言其人所爲之事，善於一業之人也。猶將十室。十者，入也。言猶人之進入於宫室也。希升堂者，但見其室之窄小者，不曾登其堂之高大者。必自開戶牖；言人欲登其堂，必自開其門户而可入。今書無聖人發揮，猶人入堂無主人開閉，必用自己尋亮處，方見中之所用。攀逸駕者，必騁殊軌轍。如人之欲登車駕，必循其轍跡之度，方可登也。是以道隱小成，言今人無聖人指授，但安于淺近粗略而不能入大道也。言隱浮僞。至于所言之事浮而不實，所行之事僞而無真。且傳以通經爲義，義以必當爲主。且古傳以通《孝經》義者是道也。其義以爲事親、事君必當于理而止矣。至當歸一，精義無二，事理之當，必歸於一；察精其義，豈有二乎？言決無之理也。安得不翦其繁蕪，而撮其樞要也？言觀諸家所著之書，繁而多，蕪而荒，不得爲人用，是以削其繁多而芟其荒蕪。撮，纂録也。樞，要領也。今纂集精要者而成書也。韋昭、王肅，韋、王二姓，肅、昭二名，二賢人也。皆三國時人，俱注《孝經》一卷。先儒之領袖；先儒，乃是後人之師也。領袖，如衣之領袖，提之則其餘則自然整齊也。虞翻、劉邵，虞翻，晉人也。劉邵，三國人也。亦曾注《孝經》一卷。抑又次焉。言二人之注，又次於韋、王。劉炫明安國之本，劉炫，隋時人。安國，漢時人。明，發明也。本，宗主也。言劉炫所注皆發明孔安國之説也。陸澄譏康成之注。陸澄、康成，二人名，皆注《孝經》。而陸澄所注嘗譏誚康成也。在理或當，在注書則當于理而可以止矣。何必求人？何如别求異説也。今故特舉六家之異同，六家，韋昭以下至康成也。六家之説，各有不同而别爲一説者。故我今集之，考其是非之説而纂要也。會五經之旨趣。會，合也。五經，《詩》《書》《易》《春秋》《禮記》也。旨趣，意義也。取五經之義，參六家之注。約文敷暢，約，束也。言約束其文而敷演其義，則暢然通達也。義則昭然；其書中之義則昭明顯然矣。分注錯綜，分五經六家之説，注於十八章之中。理亦條貫。其理亦條直而不紊，義亦貫穿而不斷。寫之琬琰，琬、琰，二玉名。將《孝經》之文書之于玉石之貴也。庶有補於將來。殆有助于後世之考者。且夫子談經，夫子，孔子也。談經，亦注五經也。志取垂訓。其志意亦欲誡訓後世之人也。雖五孝之用則別，五孝，天子、諸侯、卿大夫、士、庶人也。五等之孝用則異別不同。而百行之源不殊。君子修身之始，必以孝悌爲首。是知孝者，乃君子本務，非有異也。是以一章之中，經有十八章，而曰一章之中，則是一節之內。凡有數句；或者四五句講明一句之説。一句之內，意有兼明。或一句之中，發明總蓋一節之義。具載則文煩，凡五經之語、六家之注具載于中，則文多繁雜。略之又義闕。若簡略删削其注，義理又欠缺而不堪解。今存於疏，今存其文于此而分章定句于後。用廣發揮。學者當廣《孝經》義，發明其旨而行。玄宗不敢自專，于篇末而謙之也。

玄宗序《孝經》，雖君德之有虧，亦子道之不泯也。垂訓後世君子，略其大節，而姑存之爾。

孝經本義

開宗明義章第一

這是《孝經》第一章，開説孝經的宗本，發明孝順的義理。

仲尼居，曾子注：曾參。侍。子曰：注：仲尼曰。先王有至德要道，以順天下，民用和睦，上下無怨，女知之乎？仲尼，是孔夫子表德。孔子，姓孔，名丘，表字仲尼。居，是閑居時節。曾子，是孔子徒弟。侍，在孔子旁邊。那夫子與他説道：我與你雖窮居不用，要當講明古先帝王之法。用我便去，致治如古先帝王；不用我，便傳與後來做帝王師法，不枉于一生在天地間父母生來的身子。吾想那古先帝王致治，不在多方，有個極至的德、切要的道，自家可行，人人可行，將來順治天下，從自家爲天子本身，與諸侯、卿大夫、士，下及人民，用這個道德盡都和順親睦如一家。父母、兄弟、子姪，在上在下，再無有那不和不睦、相悖相怨的心。這個至德要道，你曾知道麽？曾子避席曰：參不敏，何足以知之？子曰：夫孝，德之本也，教之所由生也。曾子聞得不説學者的名色，説了個先王；不説一身的事幹，説了個天下，因此不敢承當，離避了坐席起來，稱自己的名，回話道：門生參原不聰敏，何足以知這個道理，願夫子指教。那夫子便説：先王順天下的至德要道，不過是人人易知易行的孝。夫孝，不是世俗一事一節奉養服勞的末務，乃是仁人君子處天地間一身一生許多道德統會的根本。道德只在一身，儀刑遍及天下，乃是教化所從發生的，因此名做至德要道。復坐，吾語女。身體髮膚，受之父母，不敢毀傷，孝之始也。你且復還坐席，吾説與你再聽。大凡世俗的孝，止養口體；先王的孝，要養心志。虧體辱身，不是先王養心志的孝。要想人子一身四體、毛髮皮膚，這不是人子自能有的，都是受氣于父、受胎于母來的。人子保全這個承受父母的身體，事事謹慎，不敢使有毀傷，方纔安得父母的心。這是孝的始初起頭了。立身行道，揚名於後世，以顯父母，孝之終也。保全這身體，不能成立行道，揚名後世，顯及父母，也是枉了身體。必要振立這個不毀不傷、頂天踏地的身體，行天下的大道，建起功業，揚個克肖名聲傳留後世，使天下後世稱我是有道的男子，便稱我父母是篤生養育、有道的好親。這個乃是孝的收成完全臨終結果了。夫孝，始于事親，中于事君，終于立身。看來這個孝，起頭在事親。從奉養，克到保全身體、安着親心開手了。當中推事父母的心，看得父母是家中嚴君，君是國中的父母，將這父母生下身體輔事君王、行道濟時去了。及至臨終，挺立這父母所生的身體，做個有道人品，去揚名顯親，這方是孝有終始。不只是順一家、順一國，直順得天下人民上下和睦，無有相怨，因此上叫做至德，叫做要道。從先王到今，誰能捨得？《大雅》云：「無念爾祖，聿修厥德。」你看《毛詩・大雅・文王》的詩，忠臣勸成王，説道：可無念你的祖父祖母，急修你那祖父母的相傳道德，做個祖父母的克肖子孫。就如你祖文王，修德直到無聲無臭，契合上天，做了上天的肖子。曉得這詩修德的説，便曉得修事親、事君、立身的德。做克肖孝子了，便是先王至德要道可順天下了。

天子章第二

這是《孝經》第二章，説天子行的孝道。天子，是普天下百姓的主人。

子曰：愛親者，不敢惡于人；敬親者，不敢慢于人。做天子的存愛親、敬親的心，行不虧不辱的道，將孝親念頭推將去，愛惜自家父母，便不敢憎惡了天地間父母所生的人；敬重自家父母，便不敢侮慢天地間父母所生的人。愛敬盡于事親，而德教加于百姓，刑于四海。蓋天子之孝也。愛與敬，這兩般奉事父母都盡了，便有許多推廣的德行、教化加到百姓身上。且儀刑觀法，直到四海無不如一家父母所生的，真是民用和睦，上下無怨。能順了父母傳的天下，蓋是天子倡率天下的孝。《甫刑》云：「一人有慶，兆民賴之。」《周書・呂刑》説道：天子一人明德慎罰，召集和氣，享有福慶，下而兆民都仰賴這一人蔭庇，人人和睦無怨了。

諸侯章第三

這是《孝經》第三章，説諸侯行的孝道。諸侯，是天子封的公、侯、伯、子、男五等諸侯。

在上不驕，高而不危；制節謹度，滿而不溢。天子下面做諸侯的，如古時公、侯、伯、子、男，後世王侯便是。他存愛親敬親的心，不敢做虧體辱身的事。思想天子與我的位，雖尊高，實是危險。謙恭自牧，在衆人上面而不驕縱，因此雖高不危。思想天子與我的禄，雖盛滿，實易傾溢。儉約自處，制財用之節，謹出入之度，雖是滿盈，不致泛溢。恰似捧一碗水，捧得好，也不翻將出來。高而不危，所以長守貴也；滿而不溢，所以長守富也。雖在高位，不危險，却能常常守得那爵禄；雖是滿盈，不至泛濫，却能常常守得財物。富貴不離其身，然後能保其社稷，而和其民人。諸侯能常守一身的貴，能常守一身的富，這富貴不離去了父母生下的身子，方纔保全得父母留下一國的社稷，和順得父母留下一國的百姓。蓋諸侯之孝也。這便是諸侯有國的孝道。社是土神，稷是穀神，諸侯祭祀一國的社稷。《詩》云：「戰戰兢兢，如臨深淵，如履薄冰。」《毛詩・小雅・小旻》之詩，説諸侯戰戰恐懼，兢兢戒謹，如身臨深淵怕墜下，如足履薄冰怕陷下。這是諸侯高怕危、滿怕溢，不驕不侈，小心守那社稷民人也。

官人。

卿大夫章第四

這是《孝經》第四章，説卿大夫行的孝道。卿和大夫是兩等大官人。

非先王之法服不敢服，非先王之法言不敢道，非先王之德行不敢行。諸侯下面做卿、做大夫的，存愛親、敬親的心，不敢爲虧體辱身的事。不是帝王制下合法度的衣服，不敢做來穿；不是帝王説過合法度的言語，不敢將來説；不是帝王行過的好德行，不敢將來行。是故非法不言，非道不行；口無擇言，身無擇行。言滿天下無口過，行滿天下無怨惡。不合法度的言語不説，不合道理的勾當不行。口中句句停當，没有可揀擇的言語；身中件件停當，没有可揀擇的行迹。言語傳滿天下，無一句口過；行迹施滿天下，没有一人怨惡。三者備矣，然後能守其宗廟。蓋卿大夫之孝也。穿的衣服、説的言語、行的德行，這三件都完備，纔能守得祖宗家廟祭祀在。這便是卿和大夫行的孝道。《詩》云：「夙夜匪懈，以事一人。」《大雅·蒸民》的詩，稱仲山甫説道：早起晚息，不曾懈怠，服事君王一個人。

士章第五

這是《孝經》第五章，説爲士所行的孝道。士是卿大夫以下的官人。《記》曰：「士者，任事之稱也。」批注：五品以上爲大夫也。士則六品以下，上士、中士、下士皆是也。

資於事父以事母，而愛同；資於事父以事君，而敬同。故母取其愛，而君取其敬，兼之者父也。卿大夫下面做士的，存愛親、敬親的心，不敢爲虧體辱身的事，資着事父的心事母，恩愛相同；資着事父的心事君，嚴敬相同。因這個緣故，可知道事母取事父的愛，事君取事父的敬，兼這愛母、敬君兩件心的是父親一個人。這愛敬父親的心，兼着事母、事君的心，因此上孝敬忠順，總是一心。故以孝事君則忠，以敬事長則順。取孝愛的心事君上，便是忠；取孝敬的心事長上，便是順。忠順不失，以事其上，然後能保其禄位，而守其祭祀。蓋士之孝也。忠於君、順於長，這兩般都不失了，奉事上面君長，方纔會保全長上與我做士的俸禄、爵位，守得父母相傳的祖宗祭祀。蓋爲士有身有禄位祭祀的孝順。《詩》云：「夙興夜寐，無忝爾所生。」《小雅·小宛》詩説道：人當思念所生，早朝興起來、夜裏睡去，思量時常敬慎，無忝你那父母生身的，休教羞辱爾的父母。

庶人章第六

這是《孝經》第六章，説庶人行的孝道。庶人是天下衆百姓，或農、或工、或商、或賈。

用天之道，分地之利，士下面有庶人，也要存着愛親、敬親的心，不敢爲虧體辱身的事。百姓做莊家，順着春生、夏長、秋斂、冬藏的節氣，這是用天之道。依着地土高下，布種桑、麻、稻、麥，這是分地之利。謹身節用，以養父母。謹守父母生下的身子，樽節使用錢財，將本分生理供養父母，這個是百姓庶人的孝順。此庶人之孝也。故自天子至於庶人，孝無終始，而患不及者，未之有也。這幾等孝便是始於事親，中於事君，終於立身。孝有終始，斷無那失天下、壞國、喪家、亡身的患害，滿天地間自然和睦無怨，親祚自然長久。因這個緣故，可見從天子下諸侯、卿大夫、士至庶人這五等人，若貧賤時行孝，富貴時不行孝；今日行孝，明日不行孝，這般有頭没後、孝無終始的人，會得患害不及他身，這個定没有此理。因此上叫做「至德要道，順天下」的物事。這一段總結前五章的意思，大抵位有尊卑，心無豐歉；事有隆殺，道無優劣；隨分各足，易地皆然。修在身，便是道德；施在人，便是功業；傳在後，便是名譽。真個是立身、揚名、顯親。二帝、三王做君的，皋、夔、伊、周做臣的，孔子、曾子做師的，都是此心。想那虞帝大舜側陋，曾做庶人，三十登庸，曾做了士大夫、卿、諸侯，末後受了堯禪，便做天子。樣樣做過，他終身只是這點慕父母的孝心，可見他孝有終始。論孝不到這裏，還都是小節，如何順天下？人子須要曉得。

三才章第七

三才是天、地、人。這一章説聖人因天地順人心，教人行孝，因此唤做三才。

曾子曰：甚哉，孝之大也！曾子聽得這個孝道終始的義理，天子、諸侯、卿大夫、士、庶人的孝，深曉孝不在一事一節些小間，真是至德要道，能順治天下，使人人和睦無怨的大端，真是道德的根本，教化從此生出去。不覺嘆説世間道德，看來極甚的是孝這道最大了。子曰：夫孝，天之經也，地之義也，民之行也。夫子因此又教他，説道：這個孝，豈止是人身的道德，却是三才全備的道德。上是在天，爲萬物父的常經；下是在地，爲萬物母的理義；中是在民，事父母如天地，立父母生身的德行。天地之經，而民是則之。總是天地常經，人民將這個做法則的。從先王到今，是這天地人民，便只是這個孝。則天之明，因地之利，以順天下。是以其教不肅而成，其政不嚴而治。上面法則天的，日月光明；下面因仍地的，發生財利。把這天下共明共利、良知良能順着天下，使他化悖逆乖怨做了和順無怨，因此上這教訓不勞整肅，自然成就；這政令不勞威嚴，自然平治。先王見教之可以化民也，是故先之以博愛，而民莫遺其親；陳之以德義，而民興行；古先明王見這個政教好得化民，因此緣故，率先人民，用這孝的愛父愛母、推廣博愛，民便化了，没有遺棄他親的。陳説着德行仁義，用這孝的德義，百姓都興起百行。先之以敬讓，而民不爭；導之以禮樂，而民和睦；示之以好惡，而民知禁。率先人民，用這孝的敬讓，民便化了，不相争兢。引導人民用這孝中節文的禮、和悦的樂，民便化了，和順親睦。示民以好善惡惡，用這孝的公好公惡，民不犯禁令，都爲善、不爲惡了。《詩》云：「赫赫師尹，民具爾瞻。」《小雅·節南山》詩稱道：赫赫然威嚴光顯的我周太師尹氏，百姓人民都把爾瞻仰觀望。正説在上面的人，百姓都看着，不可不先行孝道。

孝治章第八

這一章説聖人將孝道去治天下。

子曰：昔者明王之以孝治天下也，不敢遺小國之臣，而況於公、侯、伯、子、男乎？故得萬國之懽心，以事其先王。昔者聖明的君王用這個愛親、敬親的孝道順治天下，想起天如父、地如母、天地間人如父母所生一般。我孝父母，就當推父母的心，去聯屬這人。不敢遺棄了小國的臣，何況那公、侯、伯、子、男五等有國的，我敢遺棄了？既有這等一體萬國的大孝，故得萬國的懽心，人人助祭，事我的先王，這個是天下和睦無怨、天子的孝。治國者，不敢侮於鰥寡，而況於士民乎？故得百姓之懽心，以事其先君。上有這樣孝順的天子，下有這樣孝順的臣庶。用孝治國的，看國中百姓皆如父母所生，不敢欺侮那瘝夫寡婦，何況士大夫與好百姓，更是不敢欺侮他。因此得那一國士民、百姓的懽心，助祭事我先君。這是個一國和睦無怨、諸侯的孝。治家者，不敢侮於臣妾，而況於妻子乎？故得人之懽心，以事其親。用孝治家的，看家中長少皆如父母所生，不敢欺侮家臣婢妾，何況那妻與兒子更是不敢欺侮他。因此得一家人的懽心，助祭事我二親。這是一家和睦無怨，卿大夫、士、庶人的孝。夫然後生則親安之，祭則鬼享之。這一段總結上面三節的意思，說道天子、諸侯、卿大夫都得人的懽心，因這般上，父母在生時，受他的奉養，心裏也安；父母亡没了，鬼神懽享他的祭祀。是以天下和平，災害不生，禍亂不作。故明王之以孝治天下也如此。因這等樣，致得天下和順平安，水旱、飢荒這等災害也不生，軍馬、盜賊這等禍亂也不作。災害是天降的，禍亂是人做的。天道和，便災害不生；人心順，便禍亂不作。聖明的君王將孝道去治天下，他的效驗是這般的。《詩》云：「有覺德行，四國順之。」孔夫子又引《毛詩·大雅·抑》的詩說道：抑抑敬慎的恭人、哲人有個靈通明覺、內覺己心、外覺人心的大德行在身上，四方國人誰無同覺、同得、同行的心？自然都來順從了。這就是明王有大孝治天下這個德行，身致天下和平。

聖治章第九

這一章說聖人治天下的道理。

曾子曰：敢問聖人之德，無以加於孝乎？曾子聞孝道之大，兼三才而敷政教，治天下而通幽明，先王有已試的成效，詩人有互發的明訓，道恁般樣要，德恁般樣至。因此，問聖人的德，果没有加得這孝麽？子曰：天地之性，人爲貴。人之行，莫大於孝。孝莫大於嚴父，嚴父莫大於配天，則周公其人也。夫子應他說道：聖人之德，不過盡性。盡性的極，不過行孝。大凡天地化生萬物的性，只有人最靈,在萬物中獨爲尊貴。人體天地性,發做一生行跡,没有大似這個根本統會的孝;孝的立身顯親,没有大似尊嚴那父;尊嚴父的,没有大似聖人得天子之權,祭天時節,將父親配天享祭的,古人有個周公,便是尊嚴父親的人。**昔者周公郊祀后稷以配天,宗祀文王於明堂,以配上帝。**后稷,是周家的始祖。郊,是南郊,祭天的去處。文王,是周武王的父親。明堂,是天子坐着行政令的所在,又就裏面祭上帝。周公,是武王的弟,輔相着周成王。孔夫子説道:在先周公制禮,冬至日在南郊外祭天,尊着始祖后稷來配那上天;九月裏在明堂裏祭上帝,又尊着父親文王來配享那上帝。這是尊嚴父親的道理。**是以四海之内,各以其職來祭。夫聖人之德,又何以加於孝乎?**因此,四海裏面各隨他職分來助周家的祭祀,似這般看來,真得萬國的歡心。事親就如天帝般,人盡四海,多不可加了。祭得四海人助,是合懽不可加了;事親如天帝,是尊嚴不可加了。看來聖人的德,又有那件加得這孝乎?**故親生之膝下,以養父母日嚴。**人生兒子,幼小時節在父母的膝下,便有親愛的心,尚未知有嚴敬的心。及到長成時,知到奉養父母,方逐日生將嚴敬的心出來。情本日親的,用這個膝下的心愛養父母，義本又是日嚴的。聖人因嚴以教敬，因親以教愛。因這個嚴的情，教民孝敬；因這親的情，教民孝愛。聖人教人行孝，只順着人的天性，不是去勉强他。聖人之教，不肅而成，其政不嚴而治，其所因者本也。聖人行的教化，不待整肅，自然成就；行的政令，不待威嚴，自然平治。如何能這般？正爲他所因的是根本上自然的嚴、自然的親，所以速化如此。父子之道，天性也，君臣之義也。父慈子孝，這個道理是天生下自然的性。在父子，便唤做親；在君臣，便唤做義。這君臣之義，都從父子之親生出來。故不愛其親而愛他人者，謂之悖德；不敬其親而敬他人者，謂之悖禮。愛與敬兩件，人子本合在父母根前盡了，方纔推及他人。若不愛自家的父母，却去愛别個人，這便是於德上悖了；不敬自家的父母，却去敬别個人，這便是於禮上悖了。以順則逆，民無則焉。不在於善，而皆在於凶德，雖得之，君子不貴也。順是愛敬其親，以及人的親；逆是不愛敬其親，而愛敬人的親。順便是善，逆便是凶。聖人教人行孝，本是順的，反將來自家倒做悖逆了，那下面民人將何法則?他這是不因根本,難望教成政治了。看他的愛人、敬人,不在善的一邊,却都在凶德的一邊。雖得個愛敬的德,實悖了天地生人至貴的性,君子不貴他了。君子則不然,言思可道,行思可樂,德義可尊,作事可法,容止可觀,進退可度。君子的孝,不是這等。他因親教愛,不忍悖德;因嚴教敬,不忍悖禮。一言不忘父母,便思使民可道;一行不忘父母,便思使民可樂。用這個思來立德義,便可爲尊;用這個思來作事務,便可爲法。容貌舉止,可以教人觀瞻。進退動静,可爲法度。以臨其民,是以其民畏而愛之,則而象之。故能成其德教,而行其政令。君子行的這六件好處,在上面臨著下面的百姓,百姓都畏懼他、親愛他、法則倣象他,因此自然成得他的德行教化,行得他的政事號令。真個「不肅自成,不嚴自治」。《詩》曰:「淑人君子,其儀不忒。」孔夫子引《曹風·鳲鳩》詩説:那善人君子,他的威儀動静無有差忒,如那鳲鳩哺子,朝從上下,暮從下上,往來均一相似。這個是愛親愛身、敬親敬身、君子立身顯揚的孝。

紀孝行章第十

這一章紀録爲人子行孝的事。

子曰：孝子之事親也，居則致其敬，養則致其樂，病則致其憂，喪則致其哀，祭則致其嚴。孝子事親，親愛、嚴敬的心没一刻不存，没一事不到，没一物不推。父母安居無事，要小心奉承，盡那恭敬；奉養父母，要衣食飽煖，盡那懽樂；父母有疾病，要調護醫治，盡那憂戚；父母亡没了，要思想哭泣，盡那哀痛；時節祭祀，要齋戒，盡那嚴謹。五者備矣，然後能事親。上面説敬、樂、憂、哀、嚴五者，人子事親始終都行得完備了，方纔是能服事父母。事親者，居上不驕，爲下不亂，在醜不争。服事父母的人，在衆人上頭，休要依勢驕傲；在衆人下頭，休要犯上作亂；在一般衆人中，休要與人争鬭。居上而驕則亡，爲下而亂則刑，在醜而争則兵。在上的人，若行驕傲，必致壞了國家；在下的人，若去作亂，必致犯着刑法；在衆人裏頭，若與人争鬭，必致有兵戈之患。三者不除，雖日用三牲之養，猶爲不孝也。驕、亂、争這三件，若不除去，身體未免毁傷，父母未免憂辱。雖每日間用牛、羊、猪三牲養父母,如何叫父母喫得安樂歡喜?如何叫得愛敬父母?這還做不孝子。○這《紀孝行》一章,孔夫子説的孝道,從帝王到小百姓都行得。

五刑章第十一

五刑是墨、劓、剕、宫、大辟五等的刑法。

子曰:五刑之屬三千,而罪莫大於不孝。五等刑罰,有三千條目:墨罰,千;劓罰,千;剕,五百;宫,三百;大辟,二百,總有三千。這三千中,罪過没有大似不孝的,其罪最大。要君者無上,非聖人者無法,非孝者無親。爲臣的,合當盡忠國家,若是將私己的事要求,便是不敬上的亂臣。聖人制立下法度教人,若是毁謗聖人,便是無法度的亂民。孝順父母,是爲子合做的,若毁謗孝順的人,便是無父母的亂子。此大亂之道也。説無上、無法、無親這三件,都是逆天悖理、大亂道路,都是一般大罪。○此一章警戒人不孝。

廣要道章第十二

這一章推廣第一章裏所說「要道」兩字的意思。

子曰：教民親愛，莫善於孝。教民禮順，莫善於悌。孔子說：要教百姓盡那親愛的心，無有好似孝於親的道理。人能孝於親，自然無有不親愛處。要教百姓盡那禮順的心，無有好似悌於兄的道理。人能悌於兄，自然無有不禮順處。移風易俗，莫善於樂。安上治民，莫善於禮。要移易百姓不好的風俗，做好的風俗，無過於那音樂可以化人；要奠安在上的人，整治在下的人，無過於那禮節可以教人。禮者，敬而已矣。故敬其父，則子悦；敬其兄，則弟悦；敬其君，則臣悦；禮這一個字，只有一個恭敬。所以人能自家敬其父親，則凡爲人子的心都歡喜；能自家敬其兄長，則凡爲人弟的心都歡喜；能自家敬其君王，則凡爲人臣的心都歡喜。敬一人，而千萬人悦。所敬者寡，而悦者衆，此之謂要道也。敬其父、敬其兄、敬其君，只是敬一個人，凡爲人子、爲人弟、爲人臣，千萬個人都喜歡了。所敬的人甚少，所喜的人甚多，這便是切要的道理。先王順治天下，捨這個更有何道？

廣至德章第十三

這一章推廣第一章裏所説「至德」兩個字的意思。

子曰：君子之教以孝也，非家至而日見之也。孔子説道：聖人教百姓行孝，不是家家行見、日日厮見與他説，只是自家行孝，百姓都化了。教以孝，所以敬天下之爲人父者也。教以悌，所以敬天下之爲人兄者也。教以臣，所以敬天下之爲人君者也。聖人教人行孝，只是自家先敬父母，化得天下做兒子的都敬父母了；教人行悌，只是自家先敬兄長，化得天下做幼小的都敬長上了；教人爲臣，只是自家先敬君王，化得天下做臣宰的都敬君王了。《詩》云：「愷悌君子，民之父母。」孔子引那《大雅・泂酌》的詩，説個愷樂悌易的君子，民將他看做父母，莫不歸附，正如這個教孝、教悌、教臣，盡天下皆在教化範圍裏面。非至德，其孰能順民如此其大者乎？孔子又説引《詩》的意思：若不是聖人有至好的德行，還有那個會順着這民、化得天下百姓這般樣廣大者乎？因此上叫這個孝做至德。大道是要道，德是至德，真個孝道最大，聖德無以加此。

廣揚名章第十四

這一章推廣第一章裏所説「揚名于後世」的意思。

子曰：君子之事親孝，故忠可移於君；君子的事親孝了，移將這個心去服事君王，便是盡忠。事兄悌，故順可移於長；事哥哥盡悌了，移將這個心服事長上，便是和順。居家理，故治可移於官。在家裏整治得端正了，却移將這個道理去做官、管百姓，便都平治。是以行成於内，而名立於後世矣。這個行孝君子，他孝親、悌兄、理家的德行成在門内，便有忠君、順長、治官的功名立在後世。這是立身，這是揚名，這是顯父母，這是孝道的大處。先王順天下以此。

諫諍章第十五

這一章説父母行差了，爲子的合當去諫諍。

曾子曰：若夫慈愛恭敬、安親揚名，則聞命矣。敢問子從父之令，可謂孝乎？曾子聞孔子説許多行孝的事了，又問道：這慈愛父母、恭敬長上、安父母的心、揚後世的名，這幾般前面已聽夫子教訓了，再問道父母有要行的事，爲子的便依着行，可以喚做孝麽？子曰：是何言歟？是何言歟？夫子答曾子說：你的問從令一件是什麽説話？是什麽説話？昔者天子有争臣七人，雖無道，不失其天下；諸侯有争臣五人，雖無道，不失其國；大夫有争臣三人，雖無道，不失其家；昔者天子有七個諫争的朝臣不從他令，雖行的無道也救正了，不致差了事務，不失其天下。諸侯有五個諫諍的陪臣不從他令，雖行的無道也救正了，不致失了一國。大夫有三個諫諍的家臣，便行的無道也救得他正了，不致失了一家。批注：愚意争臣以多爲善，不必限定。但孔子只以天下國家大小而析言之，以見有此幾人亦足矣。學者當以意會。士有争友，則身不離于令名；父有争子，則身不陷於不義。士無臣，只有朋友。有諫諍的朋友，爲之匡救其失，則身己不失好名。父有諫諍兒子，方纔身己不做歹的不義事。故當不義，則子不可以不諍於父，臣不可以不争於君。當父親有行不合宜的事，非特父之過也，子與有責焉，不可以不争于父；君王有不合義的事，非特君之過也，臣與有辱焉，不可以不争于君。故當不義則争之。從父之令，又焉得爲孝乎？當親有不義事，爲子者必苦口諫諍。若順着父親的言語，這個是陷親不義，豈得爲孝乎？〇這一章説天子、公侯、卿大夫、士與凡做父母的，都要人諫諍。批注：這個「當不義」指父説，下面緊頂「從父之令」可觀。

感應章第十六

這一章説帝王行孝，能感應天地的意思。

子曰：昔者明王事父孝，故事天明；事母孝，故事地察；孔子説：古時聖明的君王能孝父親，便曉得奉事天的道理。孝是天經，他則天的明，就如承天的緒。能孝母親，便曉得奉事地的道理。孝是地義，他因地的利，就如賴母的養。蓋因君王將天做父、地做母，將宗廟裏享父母的誠心，去郊天祭地，都是一般。長幼順，故上下治。君王能敬長上，慈愛幼小，這家道利順了，便正得君臣上下的分限，國事也都平治。

天地明察，神明彰矣。這上三件總是孝悌，總是天地明察。天地既明、既察，便是將吾心的神明去通天地的神明，洋洋赫赫，感格昭著。故雖天子，必有尊也，言有父也；必有先也，言有兄也。故雖天子，處天下至尊，又必有個尊似他的，説是還有個他的父在；處天下最先，又必有個先似他的，説是還有他的兄在。存時，當尊他、先他；亡時，當追他、報他。宗廟致敬，不忘親也。修身慎行，恐辱先也。説君王的父母，雖是亡殁了，四時去太廟裏祭祀，必盡恭敬的心，不敢忘了。又修整身己，謹慎行事，恐怕廢壞了國家，羞辱了祖宗。宗廟致敬，鬼神著矣。若是君王在宗廟裏能盡誠敬的心，祖宗的魂魄便都來享他的祭祀。孝悌之至，通於神明，光於四海，無所不通。前面説敬宗廟，便是孝的道理；順長幼，便是悌的道理。若是這兩件行的至盡了，無幽不格，便通於天地父母的神明；無顯不至，便光於東西南北的四海，更有何處不通達的？《詩》云：「自西自東，自南自北，無思不服。」《文王有聲》的詩説道：武王孝順，只思法則。文王遷都鎬京，建學設教，此時從西海、從東海、從南海、從北海的人，無有一個思念不心悦誠服。這是「光於四海，無所不通」之意。這一章説一個孝字，可以上通天地，下化人民，君王行孝到這般分際，方是盡了。

事君章第十七

這一章説爲臣服事君王的道理。○申明首章「中於事君」的意。

子曰：君子之事上也，進思盡忠，退思補過，將順其美，匡救其惡，故上下能相親也。大凡君子，推事親念頭去事君上，進在朝廷，便思量盡我的忠心；退在家裏，便思量補我殘闕的過失。君王有美好的德，即便依從着行；君王有過惡的行，即便救正着休行。這四件事都能行了，臣這般去親君上，進諫不已，君自然也親臣下，又肯從諫。上下同心，相親相愛。《詩》云：「心乎愛矣，遐不謂矣。中心藏之，何日忘之。」孔子引《雅·隰桑》的詩，説爲臣的心裏常愛君王，雖已身已離了左右，心裏不曾道遠便不思想君王。常常藏著愛君的心，那個日頭忘得？這一章是爲子的出去服事君王，移孝爲忠的道理。

喪親章第十八　這一章說父母亡歿了，爲子居喪的道理。

子曰：孝子之喪親也，孔子說：孝順的子，在父母喪服中，哭不偯，禮無容，言不文，服美不安，聞樂不樂，食旨不甘，此哀慼之情也。哭泣時，不要作長聲；行禮時，不要修容貌；言語時，不要說文談。穿服美衣，則身上不安；聞音樂，則心裏不喜；喫美食，則口裏不甜。這六件都是孝子哀痛的真心發見處。三日而食，教民無以死傷生。毁不滅性，此聖人之政也。父母歿三日，不喫飲食。三日後，方許喫稀粥。聖人教人，不因爲死的又傷了活的。爲人子的雖是悲哀，毁壞形貌，却不要滅了性命。這是聖人行的政令。若居喪過哀，毁壞身己，顛倒虧了孝也。喪不過三年，示民有終也。行喪服，不過三個周年長，教百姓知孝子的心無窮，而法制有限。想兒子不過三歲方離父母懷抱，因此上立爲中制，定做三年的喪。爲之棺槨、衣衾而舉之，陳其簠簋而哀慼之；擗踴哭泣，哀以送之；棺，是內棺。槨，是外槨。衾，是被子。簠簋，是祭器。擗，是搥胸。踴，是頓足。說父母初歿時，做棺槨、衣服、被子收斂了，陳設器皿，悲哀祭奠了。至出殯時，又擗踴哭泣，以盡送終之禮。**卜其宅兆，而安厝之；爲之宗廟，以鬼享之；春秋祭祀，以時思之。**出殯時，揀好墳穴的吉兆，將親體魄安葬在內。體魄雖安在墳宅，魂氣常附在神主，做個宗廟在家廟裏，用鬼神之道以供養祭享之。春時，與天地間萬物俱來，有迎他的祭祀；秋時，與天地間萬物俱往，有送他的祭祀。年年逢時思念，没有終止。**生事愛敬，死事哀慼。**父母在生時，似前幾章裏説的這般親愛、恭敬父母；殁了時，又似這一章裏説的這般哀痛、憂慼，孝子都行着了。**生民之本盡矣，死生之義備矣，孝子之事親終矣。**父母是生身的根本。思初念始，根本已竭盡了，養生送死的道理都完備了。孝子事親，用那不毁不傷的身，行那愛親敬親的道，與吾生俱存、與吾生俱永的德行，到這裏已終了。因此，生則親心安，死則親鬼享，方叫做孝。〇大都看來，這個養生送死的心，與那立身行道的心，有始有終，無一日不行先王的道，無一日不立父母的身，真個是名揚親顯。天地間皆孝子一個和氣融液流布，真個是至德要道、協順天下、和睦無怨的功效。這個便是大人君子、聖帝明王、賢相明師的家法。孔子傳道與曾子，這是最要的。其後曾子發揮《大學》明明德於天下，爲天子至庶人萬世法則。自家戰兢如臨深履薄，慎行父母遺體。説那事君不忠、戰陳無勇的五件爲災及父母。摽揭孝道，便道是塞天地、横四海，不忍一樹一獸斷殺不待時節。真個是將仁爲己任，到死方止、弘大剛毅、任重道遠的克肖子。孔子一部《孝經》的志事，真是他能繼述萬世道統，真是曾子獨得其宗。

注解畢，一部《孝經》盡在目中矣。先王至德要道，豈有加於孝哉？故曰：「堯舜之道，孝弟而已矣。」人常誦此經，則念念皆孝，個個是堯舜。所謂人皆可爲堯舜者以此。孔門三千之徒，獨傳《孝經》於曾子。人知顔子貧，不知曾子尤貧。曾子養曾皙，必有酒肉。蓋富而厚養，日用之常。惟貧而能養，見人子至情。勸世人及親存時，寧薄於自奉，不儉其親。存，則一肉亦爲甘旨；没，則三牲徒爲虚設。「木欲静而風不止」，斯言真可惕然猛省。不然，寧能免負米之恨乎？人生天地間，父母最當愛敬。識得大段道理，心胸弘闊，以天地爲父母；身體成全，以父母爲天地。天經地義，一孝該之矣。《詩》曰：「永言孝思。」不但「春秋祭祀，以時思之」，朝夕出入起居，思其所處、思其所嗜、思其笑語，殆無時而不思也。十八章未多引詩，余誦《蓼莪》篇以識思親之意云。